科学喂养

专家指导

岳 然/编著

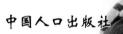

中国人口出版社

Contents 目录

第 1 章　母乳或配方奶喂养关键期 (0~3 个月)

目录

第 2 章　断奶初步准备关键期 (4~6 个月)

第 3 章　固体辅食添加关键期 (7~9 个月)

目录

第 5 章　补脑益智关键期（1~2 岁）

第 6 章　补锌、补钙，调理脾胃关键期 (2~3 岁)

目录

第 7 章　0~3 岁宝宝常见疾病的饮食调养

第 **1** 章

母乳或配方奶喂养关键期（0～3 个月）

❧ 0~3个月宝宝身体发育情况 ❧

0~3 个月的宝宝开始会笑，会抬头，能够依靠上身和上肢的力量翻身，但是还不太会使用下肢的力量，所以，往往是仅把头和上身翻过去，而臀部以下还是仰卧位的姿势。

这个时期的宝宝身高、体重、头围增长速度比较快，前囟门不会有太大变化，不会明显缩小，前囟门是平坦的，张力不高，可以看到和心跳频率一样的搏动。

营养方面仍然以母乳为主，因此母乳喂养的妈妈一定要营养均衡，以保证母乳质量。对于配方奶喂养的宝宝，要注意让宝宝多喝水，防止宝宝便秘。

✳ 宝宝一日饮食安排

母 乳	0~3个月宝宝母乳喂养是按需哺乳
配方奶	0~3个月的宝宝　　母乳＋配方奶
补授法	每天喂养母乳的次数照常，但量可稍减少，在每次喂完母乳后，补喂配方奶
代授法	用配方奶完全代替一次或几次母乳哺喂，但总次数以不超过每天哺乳次数的一半为宜
1个月宝宝	配方奶。每天喂7~8次，每次60~120毫升
2个月宝宝	配方奶。每天喂6~7次，每次60~150毫升
3个月宝宝	配方奶。每天喂6~7次，每次70~160毫升

人工喂养的宝宝要在两次喂奶的中间少量添加温开水、菜水、果水、米汤等。辅助人工喂养只限于母乳不够吃时采用。

母乳喂养的宝宝更健康

对于刚出生的宝宝来说，最理想的营养来源莫过于母乳了。这个阶段婴儿的消化吸收能力还不强，母乳中的各种营养无论是数量比例，还是结构形式，都最适合新生儿食用。

如果你在生完宝宝后没有分泌乳汁，这个时候，不必考虑乳房出不出奶，都要在宝宝出生半小时之内，让宝宝吮吸乳头。

虽然将母乳和牛奶放在密闭容器中测量热卡得出的结果是两者的营养相差无几，但进入婴儿的体内后，两者并不相同。母乳中的蛋白质比牛奶中的蛋白质易于同化，婴儿只有到了3个月后才能很好地吸收牛奶中的蛋白质，所以至少前3个月应采用母乳喂养。母乳和牛奶中均含有铁，母乳中的铁50%可被吸收，但牛奶中铁的吸收则不足一半。

母乳喂养新妈妈身材恢复快

很多妈妈害怕母乳喂养。工作紧张没有时间，身体变胖，是新妈妈最担心的两个问题。其实这种担心完全是不必要的。

喂奶本身是一个大量消耗热量的过程，消耗热量的顺序依次是腹部、腿部、臀部和脸部，能够起到瘦身的效果，不但不会增肥，还有利于减轻体重。

而新妈妈产后若不哺乳，这些热量不能散发出去，不但不利于保持身材，还容易发胖。对于乳房变形、下垂等哺乳后很可能出现的问题，你除了要注意正确的哺乳姿势外，还应该选肩带宽一些、罩杯合适的内衣，断奶后乳房也会基本恢复到原来的形状，不会导致严重的下垂。

同时，宝宝在吸吮过程中反射性地促进妈妈催产素的分泌，促进妈妈子宫的收缩，能使产后子宫恢复，减少产后的并发症，这些都有利于妈妈消耗掉孕期体内堆积的脂肪，促进形体恢复。

母乳喂养的正确姿势是怎样的

几种常见的喂奶姿势，你可以选择最适合自己的那种姿势。

＊卧姿

妈妈侧躺在床上，背部与头部可垫枕头，同一侧的手可放在头下，另一只手抱着婴儿头部及背部，使婴儿贴近乳房。如果要换喂另一侧的乳房，可先调整身体使另一侧乳房靠近婴儿，或与婴儿一同翻身后再喂。

适用于妈妈坐月子期间，或是宝宝半夜肚子饿时，可直接在床上喂母乳。

＊摇篮式抱法

把手肘当做婴儿的枕头，手前臂支撑婴儿的身体，将婴儿的一只手绕到妈妈的背后，一只手在妈妈胸前，让婴儿的

肚子紧贴着妈妈的胸腹，且身体与妈妈的乳房平行。无论在床上或椅子上，都可采用这种

姿势，让妈妈随时随地喂奶。如果坐在椅子上，可将双脚放在小椅子上，以减轻背部压力。

适用于健康足月的婴儿或是双胞胎（一边各喂一个）。

*橄榄球式抱法

妈妈托住婴儿的头部，另一只手臂支撑婴儿的身体，使婴儿呈现头在妈妈胸前，脚在妈妈背后的姿势。采取这个姿势时，可在宝宝身体下方垫枕头或是较厚的棉被，使婴儿的头部接近乳房，并协助支撑婴儿的身体，让妈妈不必花力气抱起婴儿，减少肩膀酸痛的情况。

适用在双胞胎、婴儿含乳有问题、乳头较短或凹陷，或

是乳房较大的妈妈，因为这个姿势可使宝宝较容易碰触到妈妈的乳房，并吸吮到乳汁。另外，由于婴儿的身体被妈妈像抱着橄榄球一样抱住，不会碰到妈妈的肚子，也适用于剖宫产的妈妈。

*修正橄榄球式抱法

这个姿势与橄榄球式抱法很类似，不同的是要让婴儿的身体横过妈妈的胸部，吸对侧乳房。

适用于新妈妈、刚出生的婴儿，或是非常小、生病的婴儿，因为此抱法可让妈妈清楚地观察到婴儿的含乳状况。

没开奶前不要急着喂宝宝其他代乳品

有的妈妈出奶时间长，家人怕宝宝饿着，就用糖水、牛奶等母乳替代品喂养宝宝。其实这完全没有必要，因为新生儿在出生前，体内已贮存了足够的营养和水分，可以维持到妈妈来奶，而且只要尽早给新生儿哺乳，少量的初乳就能满足正常新生儿的需求。所以，你不要因为宝宝不吃奶而给宝宝喂糖水，也不能因为3天内还没有分泌乳汁就放弃母乳喂养，改用牛奶喂养宝宝。

开奶前用母乳替代品喂宝宝，会给宝宝和妈妈都带来不利。对宝宝的危害是：宝宝吃饱以后，不愿再吸吮妈妈的乳头，也就得不到具有抗感染作用的初乳；而人工喂养又极易受细菌或病毒污染引起新生儿腹泻；过早地用牛奶喂养也容易发生新生儿对牛奶的过敏等；如果开奶前用母乳替代品喂宝宝，还会使宝宝产生"乳

头错觉"（奶瓶的奶头比妈妈的奶头易吸吮）。还有，因为奶粉冲的奶比妈妈的奶甜，这些都会造成新生儿不爱吃妈妈的奶，造成母乳喂养失败。

对新妈妈来说，推迟开奶时间也相应地使自己来奶的时间推迟，如新生儿再不把奶水吃完，新妈妈更易发生奶胀或乳腺炎。

初乳能够增强宝宝的免疫力

初乳是你在生产后 5 天内分泌的乳汁，初乳颜色淡黄，很多妈妈嫌初乳"脏"，不肯给宝宝吃而将初乳挤掉。殊不知，这么轻轻一挤，却将宝宝出生后的最佳营养品糟蹋了。

之所以说初乳是宝宝出生后的最佳营养品，是因为初乳中所含的脂肪、碳水化合物、无机盐与微量元素等营养素最适合宝宝早期的需要，不仅容易消化吸收，而且不增加肾脏的负荷。

初乳里面还含有许多抗体，被称为分泌型 IgA，这种抗体可以保护新生儿的肠道，防止细菌侵入，尤其是导致新生儿过敏的大蛋白分子的侵入。因此，一定要尽可能地让宝宝吃上你的初乳。

研究证明，出生后半小时内吃到初乳的宝宝与不吃初乳的宝宝相比，后者免疫系统更容易发育不完善，且患各种疾病。

母乳喂养期间新妈妈都有什么忌口

母乳喂养的宝宝对妈妈的饮食反应是因人而异的。一般来说，只要宝宝没有出现过敏症状，你大可不必去刻意忌口。不过，除了正常饮食外，你需要特别忌口的东西是过量的酒精、咖啡因和娱乐性药品，以及某些治疗严重疾病的药物。

此外，有些宝宝会对乳制品、海鲜、干果、刺激性食物如洋葱、辣椒等比较敏感，妈妈摄入这些食物后，可以通过母乳使宝宝产生不良反应，如出现湿疹、胀气、烦躁、咳嗽、流涕等症状，应留意仔细观察。如果没有类似过敏现象，就不需要偏食忌口，还是应饮食均衡，才能保证母乳的全面营养。

挤出来的母乳怎样保存

要如何保存挤出来的奶水，才能维持它的营养成分呢？你可以将挤出的母乳放入

有盖子的干净玻璃瓶、塑料瓶或是母乳袋中，并且密封好，同时记得不要装满瓶子，因为冷冻后的母乳会膨胀，另外也应该在瓶子上写上挤奶的日期与时间，方便以后食用。

在保存时间上，有几点要注意：

1 挤出来的奶水放在25℃以下6~8个小时是安全的。

2 放在冷藏室可保存5~8天。

3 冰箱中独立的冷冻库可放3个月。

在冷藏室解冻但未加热的奶水，放在室温下4个小时内就可以饮用；或者放在奶瓶隔水加热（水温不要超过60℃）；或是在流动下的温水解冻；但千万不能用微波炉解冻或是加温，否则会破坏营养成分；也可放在冷藏室逐渐解冻，24小时内仍可喂宝宝，但不能再放回冷冻室冰冻。如果是在冰箱外以温水解冻过的奶水，在喂食的那一餐过程中可以放在室温中，而没用完的部分可以放回冷藏室，在4小时内仍可食用，但不能再放回冷冻室。

如何对宝宝进行混合喂养

妈妈乳汁分泌较少，满足不了宝宝的需求，此时，必须在新生儿日常的喂养任务中，添加动物奶（牛奶或羊奶补充）或其他代乳品，叫做混合喂养。

✻ 混合喂养方法1

先吃母乳，续吃牛奶或其他代乳品，牛奶量依月龄和母乳缺乏程度而定。开始可让宝宝吃饱，满意为止，经过几天试喂，宝宝大便次数及性状正常，即可限定牛奶补充量。因每天哺乳次数没变，乳房按时受到吸乳刺激，所以对泌乳没有影响。这是一种较为科学的

混合喂养方法。

＊混合喂养方法２

停哺母乳１~２次，以牛奶或其他代乳品代哺。这种代哺牛奶的方法，因哺母乳间隔时间延长，容易影响母乳分泌，所以还是应谨慎选择。

在给宝宝喂纯牛奶时，需将牛奶用小火煮沸３~５分钟，一方面可以消毒杀菌，另一方面可使牛奶中的蛋白质变性，易使宝宝消化吸收。

＊如何对宝宝进行人工喂养

妈妈完全没有乳汁，或是妈妈患有疾病，或是有其他迫不得已的原因，不能给宝宝吃母乳，而用牛奶或其他代乳品来喂养宝宝，这种喂养方式，称为人工喂养。

足月的新生儿，在出生后４~６小时开始试喂一些糖水，到８~１２小时开始喂牛奶或其他代乳品，初次喂奶时为３０毫升，每２小时喂１次。

喂奶前要计算一下奶量，以每天每千克体重供给热量５０~１００卡计算，比如一个体重为３千克的宝宝，每日应提供热量１５０~３００卡，计算牛奶为：鲜牛奶１５０~３００毫升，这些牛奶中共加入食糖１２~２４克，将上述计算出的一天牛奶量，分成７~８次喂给宝宝。

如何给宝宝选购奶瓶、奶嘴

＊奶瓶的选择

宝宝的奶瓶最好用玻璃瓶，这种奶瓶内壁光滑，容易清洗和煮沸消毒，吃奶时容易观察液面，可避免宝宝进食时奶头部未充满乳汁导致吸入过多的空气而引起漾奶。奶瓶最好带帽子，可避免消毒过后的奶瓶再次污染。

应多准备几个奶瓶，用过的奶瓶一定要洗净，煮沸消毒２０分钟以上才可以用。否则，会因奶瓶或奶头清洁不彻底，细菌繁殖而引起宝宝消化道感染。

＊奶嘴的选择

1 奶嘴的软硬程度：选择奶嘴的时候，橡皮奶头不宜过硬或过软。过硬宝宝吸不动；过软奶头会因吸吮时的负压而粘在一起，吸不出奶。

2 奶嘴的开口方式：市售的奶嘴有两种开口方式，小洞洞和十字叉。奶嘴上留有一个洞口，给细菌的侵入开了方便之门。而十字叉的开口不用时处于封闭状态，挡住了细菌的入侵。宝宝吮吸时，十字叉能依宝宝的吸吮力量大小而开合，起到调节进食流量的作用。

3 奶嘴孔的大小：奶嘴孔的大小以奶瓶倒立时，奶以滴状连续流出为宜。喝水的奶嘴孔一般小于喂奶的奶嘴孔，使用时应区分清楚。过大的奶嘴孔在宝宝吸吮过急的时候会引起呛奶，过小的奶嘴孔会让宝宝在吃奶的时候费劲。

有些人工喂养的宝宝会对牛奶产生排斥，奶嘴上的开口过小、材质的软硬程度不当等，都能成为人工喂养的宝宝不爱吃牛奶的原因。

不管怎么样，要尽量选用与妈妈的乳头相似的奶嘴，对不喜欢橡胶味道的宝宝，可以换成异戊二烯胶或硅胶做成的奶嘴。

宝宝吃奶了还需要喝水吗

宝宝和大人一样需要喝水。水在成人体内约占65%，在宝宝体内占70%~75%。由于新陈代谢旺盛，宝宝对水的需求相对要比成人多些，正常宝宝每天需水量约为150毫升/千克体重。

饮水量与宝宝的年龄和饮食状况密切相关，对于4个月以前采用母乳喂养的宝宝，如果妈妈勤喝水，饭后多喝汤，适当多吃新鲜的蔬菜和水果，母乳中的水分充足，宝宝出汗不多，就不需要再额外喝水了。当然具体情况需要具体分析。每一个宝宝都有他的特殊性，如果宝宝很爱出汗，家里非常闷热，通风不利，新妈妈本身就不爱喝水，就要考虑适当给宝宝喝水。

配方奶的肾负荷是母乳的3倍左右，所以吃配方奶的宝宝需要更多的水分，以排出废物。因此，吃配方奶的宝宝，除了喂奶以外，两次喂奶之间，妈妈还需要给宝宝喂上30~50毫升的温开水，不但可以帮助宝宝体内生理代谢的进行，还可以清洁口腔。

妈妈感冒该不该给宝宝喂母乳

妈妈感冒不重，可以多喝开水或服用板蓝根冲剂、感冒清热冲剂。其实上呼吸道感染是很常见的疾病，空气中有许多致病菌，当你的抵抗力下降时，就会生病。妈妈患感冒时，早已通过接触把病原带给了宝宝，即便是停止哺乳也可能会使宝宝生病，相反，坚持哺乳，反而会使宝宝从母乳中获得相应的抗病抗体，增强宝宝的抵抗力。

当然，妈妈感冒很重时，应尽量减少与宝宝面对面地接触，可以戴口罩，以防呼出的病原体直接进入宝宝的呼吸道。如果病情较重需要服用其他药物时，应该严格按医生所开处方服药。

宝宝吐奶该怎么办

新生儿容易吐奶的原因在于他们的胃部和喉部还没有发育成熟，吃奶时空气容易与奶汁一起被吸入胃部，所以当宝宝打嗝儿或身体晃动时，吃进去的奶也就比较容易被吐出来了。

防止吐奶的最好办法就是帮助宝宝拍嗝儿。具体方法是：竖着抱起宝宝，轻轻地拍打后背5分钟以上。如果宝宝还是不能停止打嗝儿的话，也可以试试用手掌按摩宝宝的后背，或者支起宝宝的下巴，让宝宝坐起来，然后再轻拍其后背。

注意不要让宝宝吃得太急，如果奶胀、喷射出来，会让宝宝感到不舒服；喂奶后最好让宝宝竖立20~30分钟。

一旦宝宝吐奶，应让宝宝上身保持抬高的姿势，以免呕吐物进入气管导致宝宝窒息。

如果宝宝躺着时发生吐奶，你可以把宝宝脸侧向一边；可以在宝宝吐奶后30分钟适当地给宝宝补充些水分。吐奶后，每次喂奶数量要减少到平时的一半；呕吐得到缓解后，如果宝宝还有精神不振、只想睡觉、情绪不安、无法入睡、发烧、肚子胀等现象，则可能是生病了，应该去看医生。

纯母乳喂养的宝宝为什么经常拉稀

母乳中因乳糖含量较高，因此吃母乳的宝宝大便次数较多，可以达到6~7次／日，大便呈稀糊状，金黄色，有少量奶瓣。这是由于母乳中的蛋白质部分没有来得及消化就排出去的缘故。母乳性腹泻是生理性的，不会影响宝宝的正常生长发育，除非是严重的乳糖不耐受，出现这种情况，一般普通奶粉宝宝也会不耐受。所以不要担心，随着宝宝慢慢地长大，拉的次数就会少，到添加辅食后便便就成形了。

但是宝宝大便如果每天超过 8 次，或完全是水样，可能是消化不好。

你可以根据宝宝的大便判断宝宝是不是消化不好。

＊奶瓣蛋花样便

大便稀且酷似鸡蛋花样，每日 5~6 次。这是由于蛋白质、脂肪消化不良所致。此时应减少母乳喂养的时间及喂量。

＊灰白色稀便或糊状便

宝宝大便外观发亮如奶油状，每日 3~4 次或更多，多因进食油腻食物过多所致。原因是奶中脂肪量较高，肠道消化酶不足，母乳的最后部分含脂肪较多。故可缩短母乳喂哺时间，尽量避免婴儿吃到最后的乳汁。

治疗宝宝腹泻的好办法：取少量糯米加 1 个苹果一起煮，水多点，煮好了的汤水给宝宝喝，少点就好，不要超过 30 毫升，苹果要去皮切片。苹果汁有收敛的作用，所以能治宝宝拉稀。

宝宝饿了就要给他喂奶吗

从理论上讲，母乳喂养是按需哺乳，没有严格的时间限制。

不过，在宝宝刚出生不久，你应注意以下问题：

＊宝宝啼哭不一定是饥饿

要看看宝宝是不是尿布湿了，有没有身体不舒服，比如说皮肤上面长了东西、肚子疼痛或鼻子不通气等。

＊宝宝吃奶次数过多时应注意

看是不是宝宝吸吮的姿势不对，吃不到足够的乳汁，或每次吃奶的时间过短，宝宝没有吃饱。

＊宝宝总是睡觉时要注意

宝宝是不是生病了？如果宝宝不睁眼仍可吸奶，就要坚持给宝宝喂奶，这种闭着眼睛仍吃奶的情况见于一些性格比较安静的宝宝，不是病状。

总之，要让宝宝多吸吮，并且多观察，你很快就学会按需喂养宝宝了。一般说来，你和宝宝只要经过 2~3 周的学习，就会相当默契，并逐渐形成规律。

怎样抱新生宝宝

1 将宝宝仰面抱在手臂中：妈妈的左手臂弯曲，让宝宝的头躺在妈妈左臂弯里，右手托住宝宝的背和臀部，右胳臂与身子夹住宝宝的双腿，同时托住宝宝的整个下肢。左臂要比右臂略高10厘米。这样的抱法能使宝宝的头部及肢体受到很好的支撑，有安全感，也比较舒适。

2 将宝宝面向下抱着：妈妈左臂弯曲，使宝宝的下巴及脸颊靠着妈妈的左前臂，妈妈的左手按着他的外臀，宝宝的两只手分别放在妈妈左手臂的内外。妈妈的右臂从宝宝的

屁股处插入宝宝的腹部，手一直伸到宝宝前胸。这样，妈妈的两只手臂完全托住了宝宝的身体，宝宝面向下会感到舒适和安全。这种抱法在宝宝8周以后采用为好。

3 让宝宝靠住妈妈的肩膀抱着：妈妈的一只手放在宝宝的臀下，支持其体重；另一只手扶住宝宝的头部，使宝宝靠住妈妈的肩膀，直卧在妈妈的胸前。这样抱宝宝，不但会使宝宝感到安全，而且直立、无压迫感。

以上3种抱宝宝的方法，均可以根据自己习惯左右变动

方向，也可以3种方法轮换使用。这样既能减轻妈妈的疲劳，也可以使宝宝因常变换姿势而感到舒服。

怎么护理新生宝宝的脐带

宝宝的脐带是连接胎儿和妈妈的生命线，曾经输送着妈妈与胎儿的血液，在胎儿生命形成过程中可以说是功不可没。胎儿在出生后1~2分钟内

就结扎剪断了脐带，与妈妈完全脱离，开始自己独立生存。脐带结扎剪断后，会留有一小段脐带残端，是一个创面，要保护好，否则细菌在此繁殖，

会引起脐部发炎，甚至导致败血症，危及生命。因此作好脐部护理，避免感染对新生宝宝是非常重要的。

结扎剪断脐带时，必须消

毒。居住在边远地区的产妇如果来不及赴医院分娩或发生急产，宝宝脐带结扎未来得及消毒的，应该在 24 小时内请医生重新消毒结扎脐带，并给宝宝注射抗生素与破伤风抗毒素，以预防新生宝宝破伤风和脐炎。脐带结扎后一般 3~7 天就会干燥脱落。在脐带尚未脱落之前，必须保持脐部干燥、清洁，避免被洗澡水及尿液弄湿；随时注意包扎脐带的纱布有无渗血、潮湿。如果包扎脐带的纱布弄湿了，要及时用消毒纱布更换。脐带脱落后，局部仍为创面，尚未结疤，仍需保持脐带的清洁和干净，可用 75% 的酒精擦拭，再覆盖消毒纱布，一般需持续半个月左右，

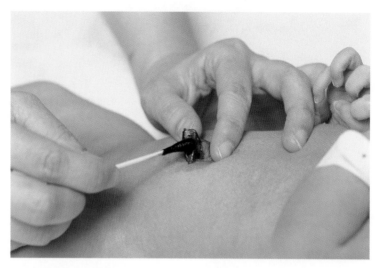

直到结疤形成肚脐窝。

脐带布要经常换洗，脐带布可用一块长形的布条，两端缝上两根带子，这样的脐带布使用方便，应准备数根，便于经常换洗。如果脐带护理不好，可使脐带周围皮肤发红，脐部

有黏液，甚至有脓性分泌物，带有臭味，这就是脐炎或脐带感染。脐炎可伴随发热、不吃奶，严重时可致黄疸加深，引起败血症、腹膜炎。因此，如果发现脐部有问题要及早处理，并及时送往医院治疗。

读懂宝宝的哭声

＊宝宝爱哭闹怎么办

每位妈妈腹中的胎儿一落地，都是以哭的方式来宣告降临。哭是宝宝和外界沟通的唯一语言，也是最重要的沟通方式。有的宝宝出生后会一直哭闹，有的宝宝哭一下子就停了，

有的宝宝会假装哭泣等。面对宝宝的哭，新手爸妈可能会不知如何是好，经验丰富的父母有时也会找不出宝宝哭的原因。其实借由仔细观察宝宝的一举一动，培养出和宝宝之间的默契，找到宝宝适合的安抚方式，不仅可以建立宝宝的自

信心，还可促进宝宝往后在人际互动上的发展！

＊宝宝哭的原因

专家指出，随着成长，宝宝每个阶段哭的原因都不尽相同。通常宝宝满月内哭的原因主要是有生理需求（如肚子饿、

尿湿等）。等到宝宝逐渐成长后，可能就会想要有人抱或是向人撒娇，年龄越大越会逐渐受到外界的影响。比较没有安全感的宝宝更爱哭且容易焦躁。

宝宝哭的原因可大致归类为以下四项：

1 生理因素：肚子饿、尿布湿、想睡觉、同一个姿势躺太久觉得不舒服、肠胃不舒服、发烧或其他身体上的不适

感等。

2 心理因素：没有安全感、想要人抱或撒娇、觉得无聊要人陪、过于疲累、受到惊吓、觉得害怕、过多的触碰、玩耍等。

3 环境因素：觉得太热或太冷、光线问题、过于嘈杂、不适应新环境等。

4 天生气质：宝宝本身的气质就是很爱哭，需要人付出更多的关爱，给他多一点点时间去认识、学习、适应。

专家指导

专家指出，室温处于25℃～26℃对宝宝来说最适宜。很多家长会给宝宝穿过多的衣服，生怕宝宝着凉。事实上，宝宝体温较高、代谢快，不用穿太多，天气冷的时候比大人多穿一件，天气热的时候比大人少穿一件，掌握这样的原则即可。

专家指出，婴儿期宝宝哭主要是生理因素，长大到幼儿期就会因逐渐对外界感到好奇、想要和人互动、探索新事物。因此宝宝哭的原因不见得一直都是单一因素，也有可能是心理因素影响到生理的不舒服、担心没有人关心自己的需求，或是所有因素综合在一起，不知道真正的原因是什么。整

体来说，宝宝哭有简单的情况，也有复杂的情况，不能马上就论定是某一种因素。

＊观察宝宝哭的征兆

● 发出怪声。

● 眼睛四处看，像在寻找什么的样子。

● 表情变化。

宝宝有以上这些反应或动

作，可能是代表即将会啼哭的征兆，但是每个宝宝的个别状况可能会不太相同，因此在照顾宝宝时，应该要仔细观察宝宝的个人气质及不同状态。另外可借由日常生活的小细节去发现，在何种情况下宝宝容易啼哭，避免宝宝处于不舒服的环境中，可减少宝宝的哭闹情形。

＊宝宝哭的声音类型

●哭声大、哭的时间长，强度始终维持一致：可能是肚子饿或尿布湿等生理因素。

●哭声一开始很大，逐渐减弱，小声一阵子又变大声：主要为心理因素。

●哭声异常、突然哭闹：可能是生病、身体感到不舒服或有其他病症。

专家指出，每个宝宝都是独立的个体，因此哭的原因、哭的类型、哭的频率等都会有差异，宝宝哭的原因及哭声类型并没有一个通则可依循，并准确判断出原因。建议爸爸妈妈可以借由观察宝宝的生活作息，去判断宝宝不同时间点的需求，或是帮助宝宝建立规律的生活习惯。专家认为，若宝宝的作息规律，照顾者也比较容易根据宝宝的作息去评估宝宝的需求，如此一来，既可减少宝宝哭的次数，也可马上给予宝宝所需要的。

＊宝宝哭的功用

★最直接的表达工具。

★身体器官、肌肉组织的强化。

★满足生理、心理需求。

★情绪抒发。

★语言发展的基础。

★人际关系培养。

★建立自信心。

＊宝宝会假哭

当宝宝开始懂得人际之间的相处之后，有时候会有假装哭泣的情况发生。专家指出，这和有没有经历过有效沟通是相关的。可能有时候宝宝有需求时，怕觉得被厌烦，或是大家都在忙，因此要假装哭泣，这样才会得到他人的关心。借由观察自己的经验也可以得知，和熟人相处也许可以直接一点儿，和某些人相处就会间接一点儿，其实宝宝的假哭也是这种道理。

＊安抚方式

满足宝宝的需求并排除宝宝其他哭的可能性之后，若还是继续啼哭，可采取其他不同方法多加尝试，让宝宝平静下来，进而找出最适合宝宝的有效安抚方式。

●吸吮是宝宝安定情绪的一种方式（可让宝宝吸吮奶嘴）。

●将宝宝抱在臂弯中轻轻地摇晃（摇晃太剧烈可能会造成婴儿摇晃症候群）。

●轻轻地抚摸宝宝的身体，让他有被关爱的感觉。

● 和宝宝说说话，唱歌给宝宝听。

● 播放音乐给宝宝听（可让宝宝听在怀孕时常听的音乐，若没有的话可播放旋律轻柔、温和的音乐）。

● 用宝宝有兴趣的东西（如玩具）转移宝宝的注意力。

● 以轻柔的画圆方式给宝宝按摩（足月以上宝宝适用）。

● 带宝宝出去散步或开车去兜风。

专家指导

什么是婴儿摇晃症候群

婴儿脑部尚未发育完全，水分含量较高、柔软且脆弱，过于剧烈摇晃时，脑部容易被扭曲和压迫，还可能会造成宝宝脑震荡、晕眩或脑出血的现象。

＊让宝宝学习等待

有些宝宝没有马上在某时间点上得到自己的所需，就会开始大吵大闹。其实宝宝的需求是可以等待的。专家认为，当宝宝一啼哭时，和他沟通其实是有效的。例如，当宝宝哭了，照顾者知道他的需求，可以这样告诉他："你等一下哦，马上就帮你泡好牛奶。"宝宝会知道他要的东西在经过片刻的等待之后，是可以得到的。宝宝在逐渐停止啼哭的同时，也在学习如何忍耐、克服困难，且会出现安心、信任的感觉。

＊关于宝宝哭的迷思

● 宝宝一哭就立刻喂奶？

若宝宝哭就马上喂他喝奶，可能会导致宝宝喝太多奶而造成肠胃不适、胀气等情形，不仅无法有效安抚，反而会让宝宝哭得更严重，加上饮食习惯不正确，变成一种恶性循环，也可能会造成宝宝日后心情不好就要吃东西的习惯。

● 对于宝宝的哭马上作出响应会让宝宝变得娇生惯养？

许多人担心宝宝一哭闹就立即响应他，久而久之会宠坏宝宝，其实并不然。父母可以很快地根据宝宝的实际需求作出响应，如此做能增加宝宝的自信心及安全、信任感。宝宝发出信息后，有人响应他，这样宝宝会有被关爱的感觉，也有助于宝宝的发育及人际关系的培养。

● 宝宝啼哭时别理他，哭累就自然安静了？

这是很错误的观念。宝宝唯一和他人沟通、表达需求的方式就是哭，若无视宝宝的哭，就代表着他所说的话没有人听、没有人理，这样长久下来，宝宝就不哭了，不会也不愿意与他人沟通了。长大之后，他会不知道如何和他人互动，除了对自己没有自信，对于往后的人际关系也都会有影响。

专家指导
给照顾者的建议

1. 相信自己有将宝宝照顾好的能力，不要认为宝宝哭是自己的错。
2. 耐心倾听，了解宝宝发出的信息。
3. 当宝宝啼哭时不要慌张，以平常心看待。
4. 了解宝宝真正的需求，适时给予宝宝协助。
5. 不用怕马上响应宝宝的需求会培养出娇生惯养的孩子。
6. 安抚宝宝的方式不是只有抱，还有许多其他适合宝宝的有效方法。
7. 对宝宝付出关爱，宝宝感受得到。

专家指出，宝宝哭泣的情况会随着年龄而有差异，可能和不同阶段所遇到的难题及挫折有关（例如：出生后几个月大的宝宝可能只会有生理上的问题，再大一点儿的宝宝可能会出现人际方面的问题，像担心别人不理他等）。这些不同阶段都是宝宝必经的成长路程，不要认为宝宝的哭是不正常的，要面对这一问题、处理这一问题，以健康的态度去看待宝宝的哭泣，将之视为生命的喜悦与美好，与宝宝共同成长，对宝宝往后的人格发展会有很好的启发。

全面了解新生儿呕吐

＊新生儿呕吐常见原因和5大征兆

新生儿成长很快，出生后4个月大时体重就可以达到出生时体重的2倍，满周岁时体重就可以达到出生时体重的3倍；新生儿体重增加如此迅速，营养的需求当然很高。

不过有不少的新生儿，在喝完奶后会吐奶，甚至没喝奶也会出现呕吐，令爸爸妈妈为他们的营养状况担忧。这个时候建议父母可先对照下表来了解宝宝的呕吐状况，还有5大

征兆提醒您，也可作为送医与否的参考。

新生儿呕吐常见原因

看到新生儿呕吐，要先查明原因，大致有8大类（见下表），乍看之下令人头痛，不过若短时间查不出来，症状又持续，医生会先就症状治疗，避免脱水等合并症出现。

新生儿呕吐的原因

原因	细分	常见疾病
胃肠道解剖构造异常	口、咽	腭裂、巨舌头与血管瘤等
	食道	气管食道瘘管、动脉压迫与食道先天狭窄等
	其他部位	肥厚性幽门狭窄、十二指肠狭窄或闭锁、胎便性肠阻塞（甚至造成胎便性腹膜炎）、肠子旋转不良与环状胰脏等
中枢神经系统	解剖构造异常	水脑、脑瘤与其他畸形等
	感染	包括先天或后天的感染
	中毒	核黄疸、母亲有酗酒或吸食毒品等
遗传	染色体或基因异常	包括唐氏症、猫哭症候群等
代谢疾病	糖类代谢疾病	半乳糖血症、肝糖贮积症与果糖不耐症等
	氨基酸代谢疾病	尿素循环缺陷、苯酮尿症或枫糖浆尿症等
	脂肪酸代谢疾病	
	溶小体疾病	
	先天性肾上腺增生	
感染或发炎	肠胃炎、肝炎、中耳炎或泌尿道感染等	
溃疡性疾病	次发性胃或十二指肠溃疡	
神经肌肉疾病	胃食道逆流与巨大结肠症	
其他	新生儿吃太多、心脏衰竭、食物过敏与吞入异物等	

5大征兆

呕吐的原因虽然五花八门，幸好大多导因于肠胃功能性疾病，如胃食道逆流、宝宝喝太多等。若出现下列5大征兆，则不能等闲视之。

1 发烧：新生儿发烧常需要抽血、验尿液甚至作脊髓液检查，必须住院治疗。

2 含有绿色似胆汁的呕吐物：常是小肠或大肠狭窄或闭锁，或是胎便性肠阻塞（甚至造成胎便性腹膜炎）、肠子旋转不良等先天构造异常，需医师安排影像检查确认后转小儿外科手术处理。

3 胎便超过2天未解：胎便是胎儿吞入子宫内的羊水后，于出生后不久所排出的大便，呈现黏稠墨绿色状。研究指出95%的胎便会在出生后24小时内解出，99%的胎便是在出生后48小时内解出的；

虽然另有针对844个早产儿所作的研究发现，只有37%的胎便是在24小时内解出，但是大原则仍是：若胎便超过1天未解要提高警觉，1～2天解出胎便可以稍微安心，但是若超过2天未解胎便，常肇因于肠阻塞或巨大结肠症等先天构造异常，因此需要医师安排影像检查确认后会诊小儿外科处理。

4 活动力下降或嗜睡：常是败血症或脑膜炎等严重疾病的表现，需至医院作紧急的处理。

5 体重增加不理想：在出生后1~2周，新生儿的体重会稍降低，而后到出生的第3个月平均每天会增加30克体重，出生的第3个月到第6个月平均每天会增加20克体重，出生的第6个月到周岁平均每天会增加10克体重。这是大原则，当然不需天天用精确磅

秤来量宝宝的体重，只要2~4周量一次体重，或是出生后4个月大时体重可以达到出生时体重的2倍，满周岁时体重就可以达到出生时体重的3倍，就表示营养状况不错，有大问题的概率就不高了。

宝宝出生体重增减平均值

出生月数	体重增减 （平均值）
1～2周	稍微降低
第3个月	30克／日
第3～6个月	20克／日
第6个月～周岁	10克／日

新生儿呕吐很常见，原因也五花八门，所幸以良性疾病居多；虽然如此，为人父母仍要注意这5大征兆，有利于早期诊断出其他较严重的疾病，早期治疗。

＊当归鱼汤

材料：鳗鱼 150 克，当归 5 克，黄芪 3 克，枸杞 3 克，香油 1/2 小匙

做法：

1. 将所有材料洗净放入炖锅，加水至盖住全部药材。
2. 放入电锅中，外锅加 1 杯水蒸至完全熟透。
3. 取出滴上少许香油即可。

功效解析：当归有补血止痛的功效，并能镇静神经，通乳催乳。

＊虾仁镶豆腐

材料：豆腐 100 克，虾仁 40 克，青豆仁 1 大匙，蚝油 1 小匙

做法：

1. 将豆腐洗净，切成四方块，再挖去中间的部分；虾仁洗净剁成泥状，填塞在豆腐块空的部分中间，并在豆腐上面摆上几粒青豆仁作装饰。
2. 将做好的豆腐放入蒸锅蒸熟；蚝油加适量水在锅中熬成糊状，然后均匀淋在蒸好的豆腐上即可。

功效解析：虾仁、豆腐含油量较低，是优质蛋白质的来源，可以增加母乳的营养含量。

＊鲫鱼汤

材料： 鲫鱼 1 条，葱 2 根，白糖 1 小匙，五倍子末 3 小匙，生姜、胡椒粉、盐各适量

做法：

1 将鲫鱼去鳞、鳃、内脏，洗净血污备用；生姜切片，葱洗净切花，姜片与五倍子末共同置于布袋中。

2 将布袋与鲫鱼一起放入沙锅内，加入 5 碗水煮煲 2 小时。

3 加入盐、胡椒粉、白糖调味，撒上葱花即可。

功效解析： 鲫鱼汤味美，营养丰富，可补阴血，通血脉，消积滞，通络下乳。

＊金针黄豆排骨汤

材料： 黄花菜 50 克，黄豆 150 克，排骨 100 克，红枣 4 粒，生姜 2 片，盐 1 小匙

做法：

1 将黄豆用清水泡软，清洗干净；黄花菜的头部用剪刀剪去，洗净打结；红枣洗净去核；排骨用清水洗净，放入滚水中烫去血水备用；生姜切片。

2 汤锅置火上，倒入适量清水，用大火烧开，放入所有材料。

3 用中小火煲 3 小时，起锅加盐调味即可。

功效解析： 这道菜能够给妈妈补充优质蛋白质，并能通乳。

＊芝麻黑豆泥鳅汤

材料： 泥鳅 250 克，黑芝麻 30 克，黑豆 30 克，枸杞 5 粒，植物油、盐少许

做法：

1 将黑豆（黑豆最好用清水浸泡一晚）、黑芝麻洗净备用。

2 将泥鳅放冷水锅内，加盖，加热烫死，然后取出，洗净，沥干水分后下油锅稍煎黄，铲起备用。

3 将所有材料放入锅内，加清水适量，大火煮沸后，再用小火继续炖至黑豆熟烂时，加入盐调味即可。

功效解析： 芝麻含有维生素 E 和芝麻素，能防止细胞老化，有养血、通乳的功效。

＊豌豆炒鱼丁

材料： 豌豆仁 200 克，鳕鱼肉 200 克，红椒少许，盐、植物油适量

做法：

1 将鳕鱼去皮，去骨，切丁。

2 将豌豆仁洗净；红椒洗净，切丁。

3 锅置火上，放油烧热，倒入豌豆仁翻炒片刻后倒入鳕鱼丁、红椒丁，加适量盐一起翻炒，待鱼丁熟即可。

功效解析： 此菜有补益胃气、通利小便、通乳催乳的功效。

＊五花肉丸子汤

材料： 五花肉末 300 克，木耳菜叶、番茄皮各 2 片，鸡蛋清 1 个，葱花、姜末各半大匙，鲫鱼高汤 2 碗，盐 2 小匙，水淀粉适量

做法：

1 将五花肉末加盐、鸡蛋清、水淀粉、葱花、姜末充分搅拌均匀，分次加入清水，成馅料。

2 锅内加鲫鱼高汤烧开，将五花肉馅用手或勺子挤成丸子，依次下入锅中烧开至熟，加适量盐调味，装碗。

3 将木耳菜、番茄皮氽烫后加入作点缀即可。

功效解析： 此汤味美香醇，清食祛热，并能通乳催乳。

0~3个月宝宝的关键饮食

＊橘子汁

材料：橘子1个，清水适量，白糖少许

做法：

1 将橘子外皮洗净，切成两半。

2 将每半个置于挤汁器盘上旋转几次，果汁即可流入槽内，过滤后即可给宝宝喂食。每个橘子约得果汁40毫升，饮用时可加1倍水和少许白糖。

功效解析：酸甜可口，为宝宝补充丰富的维生素C。

＊苹果汁

材料：苹果1/2个，温开水适量

做法：

1 选用熟透的苹果洗净，去皮、核，切片。

2 将苹果用擦板擦成泥状，用纱布挤出汁液。以2~3倍的比例向果汁中倒入温开水调匀即可。

功效解析：苹果含有碳水化合物、蛋白质、脂肪、多种矿物质、维生素和微量元素，可补充人体足够的营养。

＊黄瓜汁

材料：黄瓜半根，白糖少许

做法：

1 将黄瓜去皮、切片。

2 将黄瓜用擦板擦成泥状，用纱布挤出汁液（可用榨汁机），调入白糖。

功效解析：黄瓜清热利尿，含有丰富的维生素和矿物质，榨汁给宝宝服用，可以给宝宝提供丰富的营养。

＊番茄汁

材料：番茄1个，白糖10克，温开水适量

做法：

1 将成熟的新鲜番茄洗净，用开水烫软后去皮切碎。

2 将切碎的番茄用清洁的双层纱布包好，把番茄汁挤入小盆内，放入白糖，再用适量温开水冲调即可。

功效解析：番茄味酸微寒，有生津止渴、健胃消食之功效，并含有糖类、矿物质及维生素等多种营养素。

＊甜瓜汁

材料：甜瓜 1/8 个

做法：

1 将甜瓜去皮并将瓤剜出之后切成小块。

2 用勺子将甜瓜捣碎，再倒入纱布里挤出汁液（可用榨汁机）。

功效解析：甜瓜味道甜美，含有丰富的维生素和矿物质，榨汁给宝宝服用，可以给宝宝提供丰富的营养。

＊山楂水

材料：山楂片 50 克，水适量

做法：

1 将山楂片用凉水快速洗净，除去浮灰，放入杯内。

2 将开水沏入盆内，盖上盖闷 10 分钟，待水温下降到微温时，搅匀至溶化即可。

功效解析：山楂酸甜可口，健胃消食，生津止渴，对增进宝宝食欲大有益处。

＊青菜水

材料：青菜（油菜、小白菜均可）50 克，清水适量

做法：

1 将青菜洗净后浸泡1小时，然后捞出切碎。

2 把不锈钢锅（不要用铁、铝制品）置火上，加入 1 小碗清水，煮沸后放入碎菜，盖紧锅盖再煮 5 分钟，将锅离火，闷 10 分钟，待温度适宜时去菜渣留汤即可。

功效解析：菜汤淡绿色，有清香味，含有钙、磷、铁、维生素 C、胡萝卜素等，可以给宝宝提供多种营养。

＊胡萝卜汤

材料：胡萝卜 50 克，白糖 1 大匙，清水适量

做法：

1 将胡萝卜洗净后切成丁，放入锅内加适量清水煮，煮约 20 分钟，至熟烂。

2 用清洁的纱布过滤去渣，滤下的汤中加入白糖调匀即可。

功效解析：味略甜，含丰富的 β - 胡萝卜素，有助于促进宝宝消化。

尿布知识全集

大概在 3 岁以前，尿布是宝宝最亲密的好朋友，几乎 24 小时都与宝宝的皮肤紧紧地贴在一起，因此挑选一款好的尿布变得非常重要，除了最基本的吸水条件以外，透气、不脱落等也是爸爸妈妈们必须考虑的因素之一，让育儿生活带着大家一起剖析尿布不可不知的知识吧。

尿布篇

✻ 尿布大解析

各位妈妈一定有使用卫生棉的经验，一般而言每个女人一个月大概只会需要用到 5 个整天，但是那种闷热的感觉却是大多数人难以忘记的噩梦，试想宝贝在前 2 年的生活中几乎无时无刻都要穿着尿布，遇到不舒服的时候又无法开口告诉爸爸妈妈，感觉是非常难过的！因此爸爸妈妈们一定要挑选适合宝贝的纸尿裤，才能让宝贝每天的生活感到舒适哦。

✻ 纸尿裤构造告诉你

在挑选之前，首先认识一下纸尿裤的各种结构，通常在外包装的成分里就会标明，爸爸妈妈在购买之前不妨注意一下，便可以先认识到纸尿裤的基本结构，并了解其大概的透气及吸水度。一般的抛弃式纸尿裤主体分做 3 层，分别是外层、吸收体及内层。

✻ 外层

外层通常由各种可爱的图案构成，其材质有不织布及 PE，PE 印上可爱图案后再由不织布包在外面，透气程度与外层的不织布较有关系，而不织布的材质则依等级有所差

别，材质肉眼无法分辨，选购时应以手触摸的滑顺及柔软感受为主。有些纸尿裤外层有尿湿显示，爸爸妈妈只要用肉眼观察即可了解是否该换纸尿裤了；另外纸尿裤外层通常会显示其尺寸，随着宝宝长大，使用同一个品牌的妈妈便不必担心尺寸不对的纸尿裤。

在宝贝尿尿之后，有时在外层会有一层薄薄的水汽，这是热气蒸散到表面所造成的，并不是尿液，家长不必太担心；虽然这代表着透气程度好，但有些家长不太喜欢这样的水汽弄湿床铺，可将其当做购买时的参考条件之一。

＊吸收体

中央的吸收体通常包括纸浆、高分子吸收体及吸水纸，纸浆是中央层最主要的成分，除了分散吸收尿液外，更增加了纸尿裤整体的柔软程度。高分子吸收体则是非天然的材

质，不会直接接触到宝宝的肌肤，妈妈若仔细地摸摸纸尿裤，也许能感受到一粒粒的东西，那就是吸收体；吸收体在接触到尿液之后会变成类似果冻的

材质，有些纸尿裤在吸收尿液之后会结晶变得硬硬的，家长一摸就知道宝贝尿尿了。一般而言纸尿裤在吸收尿液之后不应该太大一块或太硬，否则会影响到宝贝穿着时的舒适度，且最好的状况是尿液平均扩散，如此每个吸收体才会吸收掉更多尿液，增加纸尿裤的使用度。

不一定每一个厂商都会使用吸水纸，且吸水纸也会随着厂商不同而有不一样的质量，加上吸水纸会提高纸尿裤整体的吸收力，质量较好的纸尿裤都会加上这一层材质。

＊内层（表层）

表层是最接近宝贝屁股的地方，其材质为不织布，能隔绝纸浆造成的棉絮与宝贝的屁

即是表层的触感，在购买尿布之前应先触摸展示品的表层，感受一下是否不粗糙且透气，宝贝在穿着时才会感到舒适。表层是否会回渗也是家长需要注意的地方，有些纸尿裤在吸完尿液之后会稍微回渗，宝贝的屁屁若长时间浸泡在尿液之中容易感到非常不舒服，也表示纸尿裤的吸水力可能不太够。

专家指出，除了材质的分辨以外，纸尿裤的厚薄也应是家长考虑购买时的另一项要素，专家指出，太厚的纸尿裤容易让宝贝的皮肤潮湿且感到闷热；有些较便宜的纸尿裤出于成本考虑，会以纸浆取代吸收体，其纸尿裤就比较厚重，自然也比较不透气。太厚的纸尿裤会让宝贝的行动不方

便，影响宝贝走动时的动作，甚至造成"O"形腿。

＊腰贴及侧边也要看仔细

除了最重要的吸收层，纸尿裤的整体设计也应是爸爸妈妈挑选纸尿裤的一个重点，首先整体剪裁要符合宝贝的身材，腰围及腿围的部分不应紧到出现勒痕，某些纸尿裤在腰围的部分设计弹性腰围，帮助宝贝在穿纸尿裤之后更贴身，并能随着宝贝吃东西前后不同的腰围调整大小；专家认为，腰围太紧的纸尿裤容易卡在宝宝肚子的肌肉上造成宝宝胀气或是喝完奶后吐奶，有些宝贝在吃完奶后有这样的现象，即有可能是太紧的纸尿裤造成的，穿好纸尿裤后家长应以两

股直接接触；有些纸尿裤在表层会添加一些成分，就像是在宝宝的皮肤上擦上乳液，能隔绝尿液刺激到宝宝的皮肤。

挑选纸尿裤时，最重要的

指可以轻松在纸尿裤内移动为准。

纸尿裤的腰贴设计目前有胶带及魔鬼毡两种，其中胶带可能会随着重复粘贴而失去黏性，魔鬼毡则没有这样的顾虑，爸爸妈妈们可以安心地重复使用。

立体防漏侧边几乎是目前纸尿裤都具备的条件之一，贴合宝贝的大腿防止尿液从一旁侧漏出来，尿液外漏可能会造成宝宝着凉的问题，若是贴合大腿的弧形设计更能配合好动宝宝的身体；选购时爸爸妈妈应先用手稍微在展示品的侧边上移动感觉，若是感到较粗糙或硬就不太适合皮肤稚嫩的宝贝。

＊了解宝宝尿尿的小窍门

有些纸尿裤没有尿湿显示，爸爸妈妈不太容易从外观发现宝贝是否尿尿了，有些妈妈会把手指伸到纸尿裤里面试看看，其实用两只手指在尿布的外层拍一下，几乎就可以感受到纸尿裤是否湿湿的喽。

＊挑选纸尿裤时还要注意

除了上述应注意的成分及材质外，纸尿裤的大小也是另一个家长需要考虑的地方，纸尿裤皆会在外包装上显示适用

的岁数及体重，购买时参考包装上的建议即可；千万不要因为讲求贴身而购买太小的纸尿裤，专家指出太小的纸尿裤会造成孩子发育及消化上的问题，更会有闷热及血液循环差的情况发生。专家提醒家长，由于宝贝在婴儿时期发育快速，应随时注意宝贝穿着时的舒适度及宝贝身上的勒痕。

有些家长为了节省购买的次数及费用，会选择到大卖场

买大包装的纸尿裤回家囤积。专家指出，NB、S及M号尺寸的纸尿裤因为孩子的成长速度有其时效性，虽然用得很快，一次买到3包仍不嫌多，但一次购买的量应不要超过一个半月所使用的量，以免孩子长大了穿不下旧的纸尿裤。虽然大卖场购买较便宜，但是却不如邻近店家缺了就可以补的方便性，也必须将邮资考虑进去，

若不是特别一并购买其他东西，其实少量的纸尿裤在住家附近购买就可以了。

有经验的妈妈指出，挑选适合宝宝的纸尿裤除了较具口碑的大厂之外，也可参考街坊邻居的建议，或是店员销售程度的介绍，并亲自索取试用包；而同样的厂商有时因为制造的地方不同，包装和型号会不太一样，家长在购买时也要阅读包装上的信息。透气及吸水度不太容易借由触摸察觉，原则上吸水度以纸尿裤穿 2～3 个小时不会外漏为准，但每个宝宝都有自己喜欢的触感及皮肤的耐受度，就如同妈妈们挑选适合的卫生棉，好不好穿仍要经过亲自尝试才会了解。

＊价钱的考虑

价钱一直是家长最关注的问题，一般而言，纸尿裤的价钱依照材质分价，大约可分为低价、中价、高价3种，最新强打的纸尿裤单价都比较高，虽然外表不容易看得出来，但吸水度及透气程度就有差别；有些家长会视状况让宝宝交替使用便宜及昂贵的纸尿裤，例如晚上睡觉时间长，又不想中断宝宝的睡眠时就会使用较

贵、吸水度好的纸尿裤，白天用便宜的尿布但是勤于更换，也是另一种省钱的方法！

* 不同年龄宝宝挑选纸尿裤的重点

不同年龄的宝贝，挑选纸尿裤的重点也稍有不同，重点分为3个阶段：

● 新生儿　新生儿由于大部分的时间是躺着，拉出的便便也都是稀稀的，因此应选择吸收体好的纸尿裤，宝贝在穿着时会比较舒适，某些纸尿裤厂牌更会为新生儿作较舒适的设计，例如有的纸尿裤在后腰带的部分多设计了一块不织布，能阻挡稀稀的便便流到后背。

● 大宝贝　随着宝贝年纪增长，尿液的量也会逐渐增多，因此其纸尿裤干爽度及吸收力应较新生儿纸尿裤的吸收力高，此时的宝宝已经比较好动，所以合身度是另一个家长需要考虑的重点，太厚重的纸尿裤会影响宝宝走路及爬行的姿势，若影响太大甚至会造成宝贝"O"形腿。

● 练习如厕的宝贝　当宝贝已经行动自如，便可换成适合走动的裤形纸尿裤，其设计与剪裁如同一般的小内裤，在

换穿时不必躺下，最适合正在作如厕训练的宝宝，既可以练习穿脱技巧，当宝宝不小心尿出来时也不会弄脏小内裤及地板。

* 认识布尿布

在越来越重视环保的今天，布尿布也渐渐受到家长的青睐，勤于更换或是自己带孩子的爸爸妈妈，便可以选择需要自己手洗的布尿布，环保之外更能省下不少抛弃式纸尿裤的费用！布尿布本身天然的材质特性，宝贝在穿着时较纸尿裤透气，但吸水力不如纸尿裤来得好，因此爸爸妈妈们必须勤于更换，减少宝贝屁股与尿

布及尿液接触的机会，才不容易得尿布疹。

* 尿兜 + 吸水布 = 布尿布

一般的布尿布分作尿兜与吸水布两层，尿兜在外层固定吸水布并包住宝贝的屁股，通常是防水布材质，以免尿液渗出，但仍稍具有透气的作用；尿兜依照不同的厂商，分做有尺寸分别及无尺寸分别两种，有尺寸分别的尿兜如同尿布一样，随着孩子的成长需改变尺寸，而

另一种无尺寸分别的尿兜则可以让宝贝从小穿到大，省钱又方便。尿兜通常都是由魔鬼毡固定，质量越好的魔鬼毡表面越细，较不易伤害到宝贝的皮肤；另一种固定方式则是纽扣，虽然包起时形状不能依宝贝的体形改变，但减少了魔鬼毡刮伤宝贝皮肤的疑虑。纽扣型的尿兜需注意将纽扣放在身体的前面，以免造成宝贝在睡觉时压到而感到疼痛。

吸水布的种类就相当多了，大多数厂商在出产尿兜时也会出产与其搭配的布尿布，形状如同没有翅膀的卫生棉，可以包住宝宝整个屁屁，两层不同布料也可阻止尿液继续往外流；另一种则类似过去常见的尿布巾，大小也依厂商设计有所不同，使用时爸爸妈妈必须先折成符合屁股的长条形，当有多余太长的布料，则依照宝贝的性别将布前折或后折：男宝宝因生殖器官在前方，应将多余的布折在前方，女宝宝则将布折在后方屁股的位置。

吸水布有纱布及棉布两种材料，纱布的表面空隙较大较透气快干，相对的如果卡住宝贝的便便也较不容易清洗，用久了会有黄渍在上面；棉质的吸水布则比较吸水，接触宝贝的皮肤感觉也较舒服。通常吸水布的价钱与触感成正比，穿起来越舒服、织法越密的布料价钱也就越高。

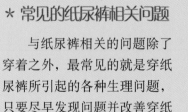

照护篇

✳ 常见的纸尿裤相关问题

与纸尿裤相关的问题除了穿着之外，最常见的就是穿纸尿裤所引起的各种生理问题，只要尽早发现问题并改善穿纸尿裤的方式，宝宝的纸尿裤也可以很轻松地穿着哦！

屁股红彤彤的尿布疹

尿布疹大概是最困扰家长的纸尿裤问题，一般而言只要挑选到质量好（吸水力、透气度好）的纸尿裤并勤于更换，基本上就可以避免尿布疹的发生；会发生尿布疹最主的原因是宝贝的屁股闷、热或是纸尿裤的吸收力不好，当吸收力不好时又不勤于更换，尿液中的氨或粪便中的微生物便开始侵蚀皮肤，加上婴幼儿的皮肤尚未发育完成，宝宝是注定会发生过敏尿布疹的现象，若长期让屁股浸润在大便之中，便会造成皮肤的伤害。

预防胜于治疗

要预防尿布疹，要选择材质柔软的纸尿裤，并2个小时更换 1 次，或大便后即更换，专家表示，不应该有换了纸尿裤就不会有尿布疹的想法，勤换纸尿裤仍是预防尿布疹最好的方式。湿纸巾则是另一个需要考虑的重点，很多妈妈会因为湿纸巾闻起来很香而选购，但对宝宝的皮肤来说，尿液及粪便的刺激已经很多，若再加上化学性的水分接触，即会造成二度伤害；湿纸巾也要注意材质需柔软与酸碱度符合宝宝的皮肤，大概在 pH 值 5.5~6.5 之间，宝宝才会感到舒适。

更换宝贝的纸尿裤时，切记用湿纸巾擦拭干净后，使用浸过温水的毛巾将化学物质擦掉，医院的做法通常是直接冲洗，在家中用毛巾擦拭即可；若已经得了尿布疹的宝宝，应于温水擦拭后等待几分钟，让屁股稍微透气干燥。预防尿布疹的不二法门即是：更换纸尿裤之后，将屁股上所有脏东西或是会刺激宝宝皮肤的残留物擦拭干净，并让屁股保持干燥及通风（但不要着凉了），就能预防尿布疹发生。

在换穿新的纸尿裤之前，建议妈妈要以干净的手先在纸尿裤表面来回摸一遍，检查是否有异物在纸尿裤里面，纸尿

裤毕竟是工厂做出来的成品，有哪些东西会藏在纸尿裤当中很难知道，多一个动作就能给宝宝多一点儿保护。

治疗也要配合好习惯

患有尿布疹的宝宝到医院治疗时，医师通常会开立氧化锌或是软膏作为治疗药物，专家指出，氧化锌其实本身便具有收敛及干燥的效果，擦完药之后一样要让宝宝的屁股通风几分钟，以发挥药物的效用。另外任何健康的皮肤上都有念珠菌，若是皮肤因为得了尿布疹而有伤口，念珠菌就会在被破坏的皮肤上生长，此时医师就会开立治疗念珠菌的药膏让宝宝使用。

宝宝若已经得了尿布疹，

在宝宝尿完之后让宝宝光屁股在家中活动，让屁股保持通风及干燥的状况，对于尿布疹的复原有相当大的帮助。家长在孩子得了尿布疹时，可在皮肤上抹一层厚厚的护臀膏（如氧化锌），与凡士林相比较不油腻，又可以隔绝屁股与尿液直接接触。

让人伤脑筋的尿道感染

以解剖的构造来说，新生儿时期男宝宝尿道感染的概率多于女宝宝3~4倍，1~2岁之后则相反。专家认为尿道感染基本上与尿布没有非常直接的关系，男宝宝感染原因是由于包皮中包覆了细菌，家长在为孩子洗澡时一定要轻轻地将包皮推开，搓一搓，否则包皮会

将脏东西推进至尿道口造成感染；女宝宝感染的原因则是因为女宝宝的尿道较短，容易接触到外界的脏东西，且尿道口与肛门距离太近，家长在擦拭宝贝的屁股时必须从前（尿道的位置）往后（肛门的位置）擦，避免肛门的细菌跑到尿道中。

要避免尿道发炎，父母给予宝宝足够的水分相当重要，且尽量不要让宝宝憋尿，当宝宝尿尿的频率高时，便可以将尿道中的细菌一同排掉。

＊和纸尿裤说再见

经过几年的时间，宝宝要长大了，终于可以和纸尿裤说再见了，几岁才是宝宝适合离开纸尿裤的年龄呢？专家认为

太早训练孩子如厕没有必要，应个别化观察孩子是否准备好，其观察的重点在于孩子白天时想尿尿会告知家长，或动作表示自己想尿尿了；孩子大概在1.5岁时即可开始作大小便的训练，此时身体已经发展到孩子渐渐可以控制的时期，肾脏系统蓄尿时间也较接近大人。现在有些家长太晚让孩子作如厕训练，因此市场上也出现了XXL特大版的尿布响应较肥胖的宝贝或是还无法控制大小便的宝贝。有些女宝宝因为穿纸尿裤不舒服其实很早就主动离开纸尿裤了，而有些男宝宝因为懒惰半夜就直接尿在床上。所有的训练都需要时间，家长应有耐心陪伴孩子度过这个时期。

在作如厕训练时，家长可先为孩子准备他们专属的小尿

盆，尿盆可以个性化，加上生动的设计，让孩子想尿尿时自己到尿盆里去尿；家长不要对正在作如厕训练的孩子太过严厉，孩子不小心尿出来就大声责骂可能会影响他们的人格发展，时时主动提醒（特别是睡前及刚起床的时候）孩子先去上厕所，也不要在睡前让孩子喝太多水，每个人的状况不一样，家长的正向引导很重要，孩子也需要时间学习控制身体。若担心孩子晚上睡觉时尿床弄湿身体而感冒，进行如厕训练期间可在孩子的床上铺一层尿垫，也能避免孩子弄湿床单；还可以在训练自己的孩子时，在孩子的床边准备一个尿壶，深夜主动叫醒孩子起来尿尿，只要坐着或站着就能达成，不必离开房间。

男宝宝穿纸尿裤时要特别注意

男宝宝生殖器在体外，有时穿纸尿裤前有勃起的现象，穿纸尿裤后朝上的阴茎反而尿得全身湿答答，爸爸妈妈应先轻轻地用手指将宝宝的阴茎往下压再做包覆的动作。有时打开尿布男宝宝会因为放松就想要尿尿，爸爸妈妈解开纸尿裤后可先用纸尿裤稍微挡一下并轻压阴茎，等待宝宝尿尿之后再换尿布。

第②章

断奶初步准备关键期（4～6个月）

4~6个月宝宝身体发育情况

宝宝在4~6个月的时候，身体生长发育极为迅速，肌肉力量有所加强，趴着时可以长时间抬头，能用胳膊支撑起上半身，做出要爬的姿势；手脚也开始变得有力量，会用双手抓取东西，转动手腕，还能自主翻身；躺着时可以抬起头来看自己的脚趾，喜欢吃自己的脚丫子。由于宝宝的活动量增大，妈妈要保证给宝宝足够的营养。到6个月的时候，有的宝宝开始长乳牙，要给宝宝吃豆制品、奶制品等含钙丰富的食物。

此期宝宝的眼睛可以看清细微的变化，能够分辨出不同的表情；听力更加发达，听到不同的音乐有不同的反应。含维生素A的食物，如猪肝等，能够促进宝宝视力的发育；而山药、莲子等食物能够保护宝宝的听力。

4~6个月宝宝营养新知快递

✳ 宝宝一日饮食安排

上午：	6:00、10:00
下午：	14:00
晚上：	18:00、22:00

各喂1次母乳或母乳＋配方乳，每次喂150~200毫升

在2次喂奶之间添加1/4个蛋黄、宝宝营养米粉、菜泥、果泥等辅食，每天2~3次，每次20~30克即可

另外每天1次给宝宝喂食适量鱼肝油，并保证宝宝饮用适量白开水或菜水、果水

上班妈妈如何给宝宝喂母乳

许多妈妈在宝宝4个月或6个月以后就要回单位上班了，然而这个时候并不是让宝宝断掉母乳的最佳时间。那么怎样才能喂母乳呢？

＊让宝宝提前适应

在上班前半个月就应作准备，可以给宝宝一个适应过程，妈妈要根据上班后的休息时间调整，安排好哺乳时间。在正常喂奶后，开始练习挤奶，家人学会喂奶。挤出部分奶水，让宝宝学会用奶瓶吃奶，每天1~2次。

＊上班时携带奶瓶，收集母乳

妈妈在工作休息时间及午餐时挤奶，然后放在保温杯中保存，里面用保鲜袋放上冰块，或放在单位的冰箱中。妈妈在白天工作时间，应争取3小时挤1次奶，下班后携带奶瓶仍要保持低温，到家后立即放入冰箱。

储存挤下来的母乳要用干净的消过毒的容器；给装母乳的容器留有空隙，以免结冰而胀破；把每次挤出来的母乳，贴上标签，记上日期，也可以将母乳分成若干小袋保存，方便家人给宝宝喂奶；母乳储存时间不宜过长。

为什么要给宝宝添加辅食

通常宝宝在出生4~6个月后要添加辅食，这是因为宝宝在4~6个月大的时候，唾液分泌和胃肠道消化酶的分泌明显多了，消化能力比以前强，胃容量也日渐增大，有能力消化吸收奶以外的其他食品。

另外，尽管母乳、牛奶等乳制品仍是这个年龄宝宝的最佳食物，但它们所含的营养素已不能完全满足宝宝生长发育的需要。因此，父母要在宝宝4~6个月大的时候，开始给他添加乳制品外的辅食。

给宝宝添加辅食有什么好处

＊辅食可以补充母乳的营养不足

尽管母乳是宝宝的最佳食物，但对 4~6 个月以后的宝宝来说，有一些宝宝所需要的营养素母乳中的量不足，比如维生素 B_1、维生素 C、维生素 D、铁等，这些相对缺少的营养素宝宝需要通过吃辅食来弥补，而吃配方奶的宝宝更需要添加辅食。

＊辅食能够增加营养以满足宝宝的生长发育

随着宝宝的逐渐长大，宝宝从饮食中获得的营养素的量必须按照其生长发育的速度来增加。可是，母乳的分泌总量

和某些营养素的成分并不会随着宝宝的长大而相应地增多。因此，宝宝除了继续吃母乳外，必须要添加一定量的辅食以满足其生长发育的营养需求。特别是一些妈妈奶量少的宝宝，更要及时添加辅食。

＊添加辅食也可为宝宝日后的断奶作准备

在宝宝断奶前让他适应和练习吃辅食，完成从吃流质食物到吃固体食物的转变，将有助于宝宝顺利地断奶。

宝宝辅食添加要循序渐进

5 个月的宝宝生长发育迅速，应当让宝宝尝试更多的辅食种类。辅食添加的原则是由稀到稠，由少到多，由细到粗，由一种到多种，根据宝宝的消化情况而定。每加一种新的食品，

都要观察宝宝的消化情况，如果出现腹泻，或者大便里有较多黏液的情况，就要立即停止添加这种食物，等宝宝恢复正常后再重新少量添加该食物。

在第 4 个月添加果泥、菜

泥和蛋黄的基础上，这个阶段可以再添加一些稀粥或汤面，还可以开始添加鱼肉。当然，宝宝的主食还应以母乳或配方奶为主。

宝宝的辅食应富含铁、钙等营养元素

4个月的宝宝继续提倡纯母乳喂养，但由于宝宝的体内铁、钙、叶酸和维生素等营养元素会相对缺乏，有些代乳品已经不能完全满足其生长需要，因此对辅食提出了更高的要求。应适当增加淀粉类和富含铁、钙的食物，如动物肝脏、豆腐等，特别是人工喂养的宝宝。要注意的是，最好宝宝6个月的时候再添加动物肝脏。

＊6个月的宝宝可以吃泥状辅食了

从第6个月起，宝宝身体需要更多的营养物质和微量元素，母乳已经逐渐不能完全满足宝宝生长的需要，所以，依次添加其他食品越来越重要。这个阶段的宝宝还可以开始吃些肉泥、鱼泥、肝泥。

夏日宝宝饮品选择

　　随着夏天的脚步悄悄靠近，气温也越来越高，宝宝的体表皮肤面积比例较成年人多了2倍以上，再加上宝宝的活动量大，所以相对容易丧失水分，如何补充宝宝需要的水分？有哪些饮品适合给宝宝饮用？相信是很多爸爸妈妈关心的问题。

＊想要补充水分，有哪些考虑呢

　　夏天宝宝的流汗量大，除了母乳外，最好的选择当然就是白开水了，但若是真的想来点儿变化，首先要考虑的是：宝宝的年纪是否适合。

体重需为出生时的2倍以上

　　一般而言，至少必须要等到宝宝可以添加辅食的时期，也就是宝宝的体重满出生时的2倍（若出生时为3000克，则为满6000克），此时也应该是4~6个月，或是宝宝的生理

状况已表现出趴着时能撑起头部、自己能稍微保持坐姿、喜欢吃手，并且对食物表现出高度的兴趣时，这两种情况都可以开始给予宝宝辅食，也就可以补充其他不是母乳或母乳化奶粉冲泡以外的液体了。

　　但若是已经确定宝宝为过敏体质，或是家族有遗传性的过敏体质时，为避免诱发宝宝的过敏体质，给予辅食的时机就应暂缓至宝宝六七个月时再开始添加较好。

专家指导

宝宝需要比成人更多的水！

　　人体60%~75%是由水构成，而1岁以前的宝宝体内所含的水分更高，刚出生的婴儿甚至高达75%以上，之后会随着月龄增加而减少，大约到了周岁以后会下降至60%，然后持平。

　　然而这60%~75%的水可是会因为周遭温度、湿度变化及体内供需变化而起变化的，当体内的水分减少时，必须适时补充水分以维持身体运作正常。

果汁自己做且稀释 1~2 倍

市售的一些果汁饮料大致上都不建议供给宝宝饮用，因为这些饮料为了调整口感，可能会加入一些砂糖或蔗糖或高果糖糖浆，甚至某些色素与香料，不适合刚刚尝试辅食的宝宝使用。宝宝此时的食物还是以自然现做为主，尽量不要选择这一类加工的制品。

由家人亲手现做的果汁则没问题，但是若为 4~6 个月宝宝，则必须加水稀释 1 倍或 2 倍再给宝宝饮用。水果的选择刚开始可以由苹果、梨子、葡萄、木瓜和香蕉开始尝试，容易被宝宝接受且较不易引起过敏。柑橘类的水果较容易造成过敏，可以晚一些再尝试。而夏天常见的西瓜，以中医的理论来说，属于较寒性的水果，宜适量使用。

运动饮料电解质低、糖分高

夏天炎热，宝宝的活动量大，流汗也多，可以补充运动饮料给宝宝喝吗？答案是不建议。一般而言，除非宝宝有严重腹泻、呕吐、发烧、流汗等情形，才会依状况补充电解质液，其他若是因天气热、活动量大而导致的流汗量增加这一类的情形，只要补充白开水即可。因为一般市售的运动饮料内含的电解质，并不如医院所使用的口服电解质液的浓度高，而且相对糖分较高，较不适合 1 岁以下的宝宝饮用，若是 1 岁以上之幼儿，想补充部分电解质，但是又不喜欢口服电解质液的味道，是可以使用稀释过的运动饮料的，但不建议经常饮用，以免宝宝养成爱吃甜食的习惯。

牛奶、鲜奶、酸奶，1 岁以上宝宝方可饮用

牛奶、鲜奶、酸奶，基本上不要给 1 岁以下的婴儿食用，1 岁以上的幼儿则无妨。因为牛奶、鲜奶、酸奶的原料都是牛奶，其蛋白质种类与母乳或母乳化奶粉不同。

专家指出，小宝宝在 1 岁以前，不建议饮用牛奶，最好还是以配方奶粉为主。满周岁后的奶类建议量为 2 杯（500 毫升）。

牛奶或鲜奶基本上营养价值是相同的，可以依个人口味选择，酸奶则是添加了益生菌。酸奶在发酵的过程中，将牛奶中较大分子的脂肪、蛋白质及乳糖先行分解，所以比牛奶更容易被人体消化吸收，其中所含的益生菌也可帮助改善幼儿的肠道菌种。初期酸奶的提供可从稀释开始，因为其口味较酸甜，或者是选用原味且无糖的酸奶更佳。

清凉甜品少点儿糖，新鲜吃

夏天气温高，家里常煮或外面也买得到的甜汤，如绿豆汤、红豆汤、豆花等食品若是存放不当，容易有变质的情形产生，所以建议爸爸妈妈不要买外面卖的这一类甜汤，还是以自己亲手制作为佳。

若是想给宝宝食用绿豆汤、红豆汤、豆花等甜汤，前提是要等到宝宝液态食物的辅食都吃得很顺利了，而且也开始尝试泥状食物时，才可以开始供应（此时宝宝是7~9个月）。但若是已经确定宝宝为过敏体质，或是家族有遗传性的过敏体质时，因为大豆及豆类都算是容易诱发过敏的食物，所以最好等到1岁之后再食用。

在制作这一类甜汤时，尽量不要一次煮太多，趁新鲜时尽早吃完，也不要存放过久，否则容易引起一些病原菌的滋生。另外煮甜汤尽量不要加太多糖，以免养成宝宝重口味的习惯。有些妈妈可能会想以蜂蜜取代砂糖，要注意的是，因为蜂蜜可能含有肉毒杆菌，所以在1岁以前也不可以给宝宝食用。最后就是煮绿豆、红豆时可以煮软烂一点儿，若是宝宝还无法接受较粗纤维的食物，甚至可以将壳去掉。

宝宝喝水公式

0～10kg	10kg 以内的公式为 100 毫升 / kg
11～20kg	大于 10kg 的部分，公式为 1000 毫升 +50 毫升 / kg
大于 20kg	大于 20kg 的部分，公式为 1500 毫升 +20 毫升 / kg
举 例 说 明	
体重为 5kg 的宝宝	一天所需补充的水分为（100×5）=500 毫升
体重为 15kg 者的宝宝	一天所需补充的水分为（100×10）+（50×5）=1250 毫升
体重为 25kg 者的宝宝	一天所需补充的水分为（100×10）+（50×10）+（20×5）=1600 毫升

专家指导

宝宝需要补水吗？

如何判断宝宝目前是否需要增加水分补充呢？除了观察到宝宝的流汗量变大外，爸爸妈妈若注意到宝宝的尿量和次数减少，尿液的颜色逐渐变成深黄色，可能就需要为宝宝补充水分量了。

简易夏日饮品DIY

　　宝宝在1岁以前的营养大多从母乳（或配方奶）中获得，它仍是宝宝主要的营养来源，所以为避免影响到正常的喝奶量，这类饮品可选择在两餐之间，少量开始尝试。若宝宝有过敏体质或气喘的情形，喝冰冷的饮料类可能会引发症状，建议就不要喝太冰的饮品或甜品，稍微凉一点儿的应该就可以解渴了。

　　此外，制作给宝宝饮用的辅食时，应以天然食物为主，尽量少使用调味料。辅食制作过程中应确保食品卫生安全，食物、用具、双手都应洗净后才开始制作。

水果类

＊木瓜养乐多

材料： 木瓜50克，养乐多半瓶

做法：

1 木瓜去皮、子后，切成小块。

2 将木瓜及少许白开水，加入果汁机绞碎。

3 以滤网滤掉果渣，加入养乐多即可。

功效解析： 木瓜含有丰富的β-胡萝卜素和维生素C，质地柔软且容易消化，搭配养乐多酸酸甜甜的味道，是一种适合1岁以上宝宝的饮品。

＊苹果香蕉汁

材料： 苹果1/4个、香蕉1/3根

做法：

1 苹果洗净，去皮、子，切成小块。

2 香蕉去皮，也切成小块。

3 将苹果及香蕉放入果汁机内绞打，以滤网滤掉果渣，

加开水稀释即可。

功效解析： 香蕉的香气佳甜度也够，少量加入任何蔬果汁中，都能有加分的功效，是一道接受度高的果汁。

＊百香葡萄汁

材料：葡萄 10 颗，百香果 1/2 个，菠萝 20 克

做法：

1 将葡萄洗净，菠萝切成小块。

2 将百香果切开取出果肉。

3 将全部材料放入果汁机内绞打，以滤网滤掉果渣，加开水稀释即可。

功效解析：葡萄含有丰富的花青素及铁质，百香果的维生素 B_2、烟碱酸也含量不少，是一种含有铁质而且有抗氧化作用的蔬果汁唷。

＊红豆奶糊

材料：红豆 3 汤匙，椰子粉 1 汤匙，鲜奶（或婴儿奶粉），冰糖少许

做法：

1 将红豆洗净，在水中泡大约 20 分钟，用沸水煮约 5 分钟，再放入焖锅中焖约 1 小时，直到红豆熟烂为止。

2 将椰子粉放在锅里用微火炒至微黄，然后将椰子粉和冰糖放在焖软的红豆中。

3 与温热的鲜奶搅拌均匀，加入适量冰块后即可成为一道美味又营养的甜汤。

功效解析：红豆营养丰富而且铁质的含量高，只是不要加太多的冰糖，就是一道适合夏天的甜汤。

蔬菜类

＊菠菜柠檬汁

材料：菠菜 2 棵，柠檬 1/6 颗，糖少许

做法：

1 将柠檬洗净，压出柠檬汁。

2 将菠菜切除根部后剥开，用清水彻底洗净，用开水烫过后再切小段备用。

3 将水煮滚，放入菠菜，煮约 1 分钟后熄火，捞出放进消过毒的洁净纱布里，用力拧纱布滤出菠菜汁，加少许糖、

柠檬汁及适量冰开水即可。

功效解析：菠菜含有丰富的铁质、叶酸和维生素 B_{12}，而柠檬所含的维生素 C，也有加强铁质吸收的作用，此果菜汁可以预防宝宝缺铁性贫血的发生。

＊苹果胡萝卜牛奶

材料：苹果 1/4 个，胡萝卜 50g，鲜奶适量

做法：

1 将洗净的苹果切开去子，削去外皮放入搅拌器中。

2 胡萝卜洗净削去外皮，切小块放入搅拌器。

3 用干纱布将果蔬汁中纤维滤去，加入适量鲜奶。

功效解析：苹果全年无缺又含有丰富的果胶，而胡萝卜所含的 β-胡萝卜素更可在体内转变成维生素 A，维生素 A 又称为眼睛的守护神，搭配含有脂肪的鲜奶可增加其吸收率。

如何给宝宝补维生素 D 和钙

维生素 D 的作用是促进钙的吸收，一般建议给宝宝补充到 2 岁左右。夏、秋季节宝宝户外活动比较多，皮肤通过日晒可以产生一部分的维生素 D，所以可以不补充维生素 D，

或减半量，比如隔天吃一次，冬、春季节再恢复到原量。

至于宝宝是否需要补钙，不能一概而论，喂母乳的过程中建议妈妈补钙每日 1200 毫克，宝宝没有特殊情况可

以不补钙。人工喂养的宝宝如果饮食正常，生长发育良好也不需要常规补钙，建议满 6 个月后给宝宝查血中微量元素，如果钙在正常范围内也可以不补。

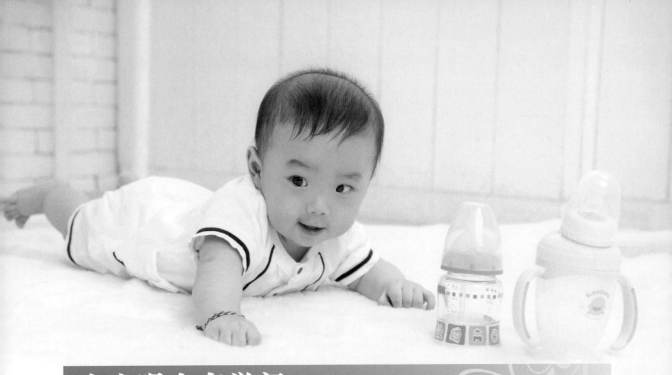

宝宝喝水有学问

每个人都知道没事儿要多喝水，但是宝宝跟大人一样吗？其实宝宝的肠胃和肾脏功能并不完全成熟，如果让宝宝摄取过多水分，对宝宝来说反而会造成负担，甚至引起水中毒，所以，聪明的爸爸妈妈看过来，如何让宝宝喝水喝得巧，还有教导宝宝喝水的小窍门，通通一次告诉你！

＊婴幼儿肠胃消化、吸收弱

专家表示，宝宝的肠胃构造在刚出生时，就已经发育完整，肠胃可分成上消化道跟下消化道，这些包含了食道、胃、小肠、大肠还有肛门等，不过，这些构造虽然都有，但是长度还不到成人的标准。功能方面，肠胃最主要的功能为消化和吸收，而这两项功能也在逐渐变成熟。以消化来说，器官会分泌一些消化酶，消化酶在宝宝刚出生的时候并不多，所以宝宝消化的功能不是很好，只能吸收一些简单的东西。举例来说，宝宝的胃要到三四个月时，

胃液分泌才比较齐全；胰脏的部分，至少要6个月以上，胰液才会分泌比较完整，这也是为什么宝宝刚开始吃的东西都比较单一，以母奶或配方奶为主，等到4~6个月大时才能添加辅食的原因，宝宝的肠胃系统要慢慢到1岁以上才会趋于完整。

＊初生宝宝肾脏系统未成熟

肾脏的构造在胎儿发育时期已经存在，但其功能是随着

含有水分，而母乳的水分含量就有90%~95%，所以纯喝母乳的宝宝并不需要额外补充水分，除非喝的量不足，在正常范围来说，每个宝宝的奶量，每天每千克100～200毫升，不过，这个范围很大，家长不需要特别记某个固定数字，小宝宝到底需不需要补充水分其实可以看尿量，通常一天下来，宝宝的尿尿次数为6~8次以上，除了次数之外，颜色也是透明清澈，像水一样的颜色。不管是喝母乳或配方奶，只要一天没有到这个次数或尿布换下来尿液颜色比较黄，就表示有水分不足的现象，这种情形下是可以给宝宝喝水的，或是让宝宝增加奶量，但如果有些小宝宝有厌奶的状况，那可能就需要补充水分。

专家指出，我们的观念都是多喝水比较好，但是对宝宝来说，其实适当喝水比较好，假设是喝配方奶的宝宝，一般来说建议的量，水跟奶粉的比例应该是7：3，按照正常计算奶量的方式，宝宝这样的水分量就足够了，不需要自行调整比例，对于6个月以前的宝宝，也不用严格到一口水都不能喝，有时候喝完奶后，妈妈可

以给宝宝喝10~20毫升的水，帮宝贝漱漱口，清洁口腔也是可以的，只是，妈妈不能把水装满一个奶瓶，让宝宝喝100毫升的水来取代一餐的牛奶。

＊6个月以后靠开水、辅食补水

6个月以后的宝宝开始接触辅食，母乳和配方奶的需求量逐渐变少，每千克每天的奶量100~120毫升，水分相对也减少，医生表示，假设要让宝宝开始喝较多的水，一次50~100毫升，差不多就在这时期，原因就是这个时期的宝宝肾脏功能已经慢慢地成熟。摄取流质的东西减少，宝宝吃的固体食物水分不是这么多时，爸爸妈妈可以早、晚给宝宝各喝一次约100毫升的水，不过主要还是要看宝宝的需求。专家提醒，如果发现小便量不足的现象，是一定要增加水分的，不过，不一定只是喝水，也可以从辅食中增加水分，如果汁、果泥、菜汤、稀饭等。

所谓的水中毒，并非水本身有毒，是因为摄取太多水分，导致身体产生症状，便将这些症状以"水中毒"这名词来称呼，专家进一步解释，当留在体内的

年纪慢慢成熟的，大约1岁过后，宝宝肾脏的功能已趋近于成人，专家表示，肾脏的功能主要是过滤跟吸收，它过滤一些杂质，把可以用的水分、离子再吸收，而医生在评估肾脏功能时，会以GFR肾小球滤过率来评断，刚出生宝宝的GFR大概是成人的1/4，直到1岁之后，才会接近成人的水平，所以1岁以下的宝宝不需要特别另外补充水分，就是怕肾功能不全，可能会引发水中毒。

＊6个月以前用母乳、配方奶补水

其实6个月以前的宝宝不是不能喝水，医生表示，宝宝喝的母乳或是配方奶，里面都

水过多时，会导致体内的电解质失衡。简单来说，我们身体是由细胞跟细胞外液所构成，原本细胞外液是正常标准，大量喝水后，导致细胞外液浓度下降，但是细胞内仍然是正常浓度，此时，我们的身体就会靠渗透的方式达到平衡，所以浓度低的会往浓度高的地方渗透，水往细胞内跑，就会造成细胞水肿，导致细胞功能丧失，而第一个受到影响的细胞就是脑部，因为脑部的细胞是最敏感的，水中毒之后，水分会让脑部细胞水肿，我们称做脑压上升，宝宝会产生头痛、恶心、呕吐等症状，严重的话会开始出现嗜睡，当脑压上升到一定的程度，接下来就会昏迷甚至休克，当然从轻微到严重的状况是逐步进行的，很少会一下子到死亡，除非喝的水量实在太多，所以家长需要靠观察判断。

如果发生水中毒的情形，爸爸妈妈第一个要做的就是停止喝水，让囤积在体内的水自行排出去，这是轻微的时候可以采取的动作；如果是比较严重的状况，如持续呕吐或是精神状况有点儿异常，不是单纯的哭闹，甚至宝宝有点儿昏睡时就必须送到医院，医生会看情况补充钠离子或是使用利尿剂进行治疗。

*1岁以上看宝宝需求，固定喝水

专家指出，1岁以后的宝宝肾脏忍受力提高，多喝水的话也只是尿量会多，少喝尿量就相应减少，所以此时期的宝宝是可以像我们大人一样喝水的，至于是否要让宝宝固定喝

水，对比较大的宝宝来说，比较会表达意见，所以可以看他们的需求量，如果是较小的一两岁的宝宝，其实有些家长会固定时间，一次给宝宝喝100毫升的水，一天喝个2~3次即可，因为宝宝还有喝牛奶、吃辅食，这些都有水分。基本上，1岁以后的宝宝喝水没有那么严格的规定，如果严格来说，儿科医师都会有一个基本的公式，用体重来计算宝宝一天所需的水分摄取量，但是家长并不用特别作计算，最简单的判断还是以观察宝宝的尿量为主，如果宝宝一整天都没怎么尿尿，或是宝宝活动力实在是太强，一整天都在活动且一直排汗，当然就需要多补充水分了。

＊给宝宝喝什么水比较好

专家表示，给宝宝喝煮沸过的一般开水就可以了，不一定要选择特别干净的逆渗透水，如果要用矿泉水给宝宝喝，最好也要经过消毒煮沸的步骤。帮宝宝泡奶粉的水，只要掌握煮沸、无菌的原则即可，但是，不能用山泉水泡奶或喂食宝宝，有些住在偏远山区的爸爸妈妈取水不是那么容易，

或者有些人的观念是山泉水最自然、最好，可是里面的生菌量很高，即使山泉水煮开了，也无法得知是否有其他杂质、重金属存在，如果长期喝对宝宝的身体可能会有问题，另外，家长当然也要注意奶瓶用具的消毒。

＊特殊状况的补水

当小宝宝发烧时，是需要多喝水的，因为发烧会大量流汗，水分需求量高，若是没有补充水分会造成脱水。如果脱水，宝宝哭却没有眼泪，精神体力很虚弱，皮肤摸起来很干燥，那可能就要考虑宝宝脱水的现象了。另外肠胃炎会有上吐下泻的情形，当水分流失时，身体的电解质也会流失，因此，在肠胃炎的状况下可以

补充电解水，如果使用的是市售的运动饮料，家长需要以1:1的比例加水稀释，否则糖分会过高，或者是用专用的口服电解质水，这样就不用再稀释。夏天到了大多宝宝都待在冷气房里，长期待在冷气房时爸爸妈妈应该多给宝宝摄取水分，因为冷气会让宝宝的身体、嘴巴、舌头比较干，不过，要跟家长们强调，虽然上述这些情况都要多摄取水分，但是不要一下子给宝宝喝太多水，要分次慢慢喝，举例来说，大量流汗除了水分流失，盐分也会流失，所以如果单纯只补充水，不给身体一些时间将盐分吸收回来，也会造成水中毒，因此逐步补水很重要。

除了水分不足的时候要喝水之外，其他像婴儿喝完奶以后，有时会打嗝儿的情形，这时妈妈可以让宝宝喝几口水，帮助打嗝儿停止。专家也特别提醒，宝宝水分不够时，最严重的情形就是脱水，此时宝宝的体重会往下掉，如果水分流失很快，一天体重就看得出来差别，通常会依照体重下降的程度，来分不同等级的脱水，再提供适当的治疗补充，如：体重掉了原本体重的5%算是轻微脱水，10%为中度脱水，

15% 以上则为重度脱水，因此，如果爸爸妈妈抱宝宝感觉一下子轻了许多，量体重后发现一天内体重迅速减少，就要快一点带宝宝到医院治疗。

✳ 如何帮宝宝建立喝水习惯

大家都知道水对人体是重要且不可缺少的，不过如何让宝宝爱上没有味道的水，的确很伤脑筋，专家表示，宝宝喝水的习惯有些很好建立，有些则否，宝宝的味觉在 3 个月以后就会慢慢地建立，所以有很多妈妈在宝宝 4 个月后会遇到宝宝厌奶的情形，因为他们的味觉开始可以分辨，因此，妈妈的原则是不要让宝宝习惯喝

重口味的东西，例如有些妈妈觉得宝宝不喜欢喝水，就加糖在里面，这种做法不建议，最好的方式还是从生活态度中建立，比如说跟宝宝玩游戏，游戏中的奖励可以是一杯水，当然爸爸妈妈可以喝给宝宝看，告诉宝宝水真的很好喝，其实宝宝的学习力很强，也许一开始只觉得是游戏奖励，但是由此慢慢习惯水的味道后，自然就会想喝水，或是家长可以将水装在宝宝喜欢的容器，最重要的是不能用强迫的态度，这会造成宝宝产生压力。

如果宝宝真的不喜欢喝水，可以提供果汁给宝宝喝，最好还是新鲜现打的果汁或是家长自己做，尤其现在又有塑化剂

问题，在外面随便买市售果汁，不仅糖分过高，假如吃到不好的产品，对于是否会产生不良影响也比较没有把握。另外，除了不要在水里加糖，蜂蜜水的饮用也要注意，1 岁以前的宝宝不能使用蜂蜜水，因为里面的肉毒杆菌毒素，可能会造成呼吸中枢麻痹，影响宝宝健康，导致生命危险。

✳ 宝宝喝水的时机

1 排尿次数一天下来小于 6 ~ 8 次。

2 尿量少、尿液颜色黄，不像水一样透明。

3 发烧、肠胃炎。

4 剧烈运动或大量流汗。

5 小宝宝哭时，一般没有眼泪。

6 皮肤摸起来干燥、弹性不佳。

7 眼窝凹陷。

8 口腔黏膜干燥。

9 宝宝头顶的囟门与头骨不再呈现平整状，反而下凹。

10 一天之内体重降落许多。

巧妙收纳宝宝衣物

宝宝的小衣服，妈妈都收在哪里呢？每找一件宝宝的衣服，就得又重新整理一次大部分的衣服？还有过季的衣服以及穿不下的衣服，又该怎么整理呢？其实，只要有技巧地收纳，这些问题就可以迎刃而解哦！快来学习专家的收纳之道。

✳ 选购童衣收纳工具

常用的宝宝衣物该如何选择收纳工具呢？新的收纳工具需要清洁之后再使用吗？当季的衣服平时如何折叠才能节省空间且不易散乱呢？

✳ 收纳工具安全第一

许多爸爸妈妈在挑选婴儿床时，害怕宝宝误食而特别注

意其材质，其实宝宝的收纳工具也是相同的，均为宝宝的用品，需挑选安全的材质。专家建议，宝宝的衣物收纳工具须符合容易清洁且不易过敏两大原则，因此，塑料制品是不错的选择；不建议使用布制品，因为易沾染灰尘，且不易清洁而产生尘螨。

如何选择安全的塑料收纳工具呢？有品牌或透明的塑料收纳工具比较好，有品牌的收纳工具当然是较有安全保证；而塑料纯度越高，才能制造出透明度越佳的塑料，若是彩色且没有品牌，有可能是回收的塑料再制成的，其中可能添加了令人不安心的成分。因此一般来说透明塑料制品，其安全度较高。

✳ 两阶段收纳

学龄前宝宝的衣服适合放在塑料制抽屉里，由于在此之前宝宝的衣服尺寸较小，而一

般塑料抽屉容量也不大，使用起来配合度相当适宜。大部分宝宝衣服放置于宝宝的活动空间范围内，活泼好动的宝宝容易跌撞，比起木头，塑料的硬度较低。塑料的颜色较明亮鲜艳，且价格较便宜，若是有经济考虑的爸爸妈妈，只要做好清洁工作，塑料收纳工具是不错的选择。

活动力强的宝宝难免东敲敲、西打打，拿心爱的贴纸就往收纳柜上面一贴，爸爸妈妈若是因为心疼高级家具的损伤，而责怪宝宝，就失去当初的美意。其实爸爸妈妈针对学龄前的宝宝，不需选购太昂贵的收纳工具。等到宝宝上了小学之后，衣服尺寸较大且样式较多，爸爸妈妈可以与宝宝一同挑选合适的木制衣柜。

＊以小苏打水多次清洁

爸爸妈妈可能在宝宝出生前便选购了宝宝的收纳工具，带回到家中，将灰尘擦拭后，便将宝宝的衣物全放进去。宝宝出生之后，再直接从柜子里拿出衣服穿在身上。这期间衣服已经吸收许多不良的化学物质，穿上衣服之后，经由皮肤全部收吸进宝宝身体了。

新选购的收纳工具出厂前大多会加喷一些化学成分的漆料或亮光漆，甚至可能会含有有毒物质——甲醛。即便是有品牌的收纳工具，爸爸妈妈也应该多作一些清洁，这样就多了一层防护。新买的收纳工具应以干净的布蘸小苏打水，擦拭 1 遍之后，再以清水擦拭 1~2 遍。爸爸妈妈不要再使用清洁剂来擦拭收纳工具，以免化学物质残留。若为木制收纳工具，爸爸妈妈要特别将布拧干再擦拭，以免潮湿膨胀而变形。然后再将木制收纳工具放置于通风处，自然风干，让有毒物质的味道降到最低。不仅是抽屉内部需擦拭，别忘了整个收纳工具的内侧和外侧都要仔细清洁啊！

专家指导

DIY 小苏打水

小苏打水的调配是使用以 1:10 的小苏打粉加温水搅拌均匀，或是以 5 升的小水桶装温水，加上 2 汤匙分量的小苏打粉。小苏打在温水之中的效果更好，若是收纳工具有些脏污，可使其去污效果更佳。小苏打粉在超市是属于食物面粉区，不是清洁剂区，新手爸爸妈妈别跑错哟！

＊樟脑丸是隐形杀手

专家提醒，勿使用一般俗称樟脑丸的萘丸，就是一颗一颗白白的小丸子，放久了会变小，味道非常地刺鼻，老一辈的长辈常用来当做防虫剂使用。若将其置于衣柜会挥发出有毒物质，衣物吸收这些毒物，发育中的宝宝穿上衣服之后，经由鼻子吸入及皮肤接触有毒物质，这是非常危险的。

如果已经在衣柜中使用樟脑丸，应当将衣物彻底洗净并曝晒一段时间，让有害物质彻底发挥清除完毕之后再穿着，并且宝宝的生活起居范围内千万不要放置含萘樟脑丸，避免宝宝闻到或接触有毒物质。

*不要紧贴墙壁，保持干燥

宝宝的衣柜切勿直接紧贴迎风壁面，也就是下雨天容易渗漏水之处。由于爸爸妈妈通常会将宝宝的所有物品置于同一处，如正在使用的衣物、新买还穿不到的衣服、将来还可再穿的衣服以及纸尿裤等，许多东西长时间不移动，因而容易受潮。

爸爸妈妈摆放宝宝衣柜不要紧贴墙面，保持3~5厘米的距离，使得空气流通，衣柜便不易潮湿，或者在墙壁与衣柜之中，摆放一层保丽龙以隔绝湿气。

专家指导

巧妙收纳宝宝衣物

爸爸妈妈选择了安全的收纳工具，也使用小苏打水彻底清洁之后，为数众多的宝宝衣物该如何整理与收纳，才能方便易取呢？

*分格收纳直立摆放

宝宝平时的衣物收纳以抽屉或衣柜为主，但其尺寸都较小，直接放在抽屉里，容易散乱，拿取也较不方便。如果将空间区分成许多小格子，即便乱了，也仅有那一小格的空间凌乱。

现在许多爸爸妈妈有网络购物的习惯，家中就有很多纸盒，因此抽屉分格的工具可以选用取得容易的鞋盒、面纸盒等箱盒。即便大小不适合，爸爸妈妈也可以自行裁切成合适的尺寸。

另外，爸爸妈妈可以将宝宝衣服采取直立方式摆放，可以看到每一件衣服，方便找寻与拿取，收纳的数量变多，不占空间，衣服也不易变乱。

*宝宝动手学习收纳

将收纳工具放置于宝宝容易拿取的高度与位置，方便宝宝学习管理自己的收纳空间。专家表示，从小就可以开始培养宝宝照顾自己生活家事的习

惯与能力。爸爸妈妈折叠好的衣物也可以请宝宝自己归位。虽然宝宝可能无法妥善摆放，但这是一个练习机会。因此，宝宝衣物收纳的空间设计要符合宝宝的执行力，切勿将所有东西都放在高处，也要注意操作的简单化，若是太复杂，宝宝无法执行，便会放弃，到最后变成都是爸爸妈妈的收纳作业了！

另外，一般家中都有悬挂衣服的挂钩，方便摆放爸爸妈妈暂时收纳大衣或外套。专家建议，在大人的挂钩下面，符合宝宝的高度处也可以挂上儿童专用的安全挂钩，让宝宝从幼儿园回来后，也可模仿大人的动作，学着自己挂放外套。但爸爸妈妈要注意勿使用尖锐的钩子，而选用儿童专用挂钩，才安全！

专家指导

过季衣物收纳锦囊

有时候爸爸妈妈利用换季大特价，帮宝宝预买以后要穿的衣服，或是宝宝的二手衣要留给别的宝宝继续使用，这些暂时用不到的新衣或二手衣，该如何收纳呢？

＊密封收纳防潮又防虫

许多爸爸妈妈拿了纸箱，就把宝宝的衣服往里面摆，丢往床底下。过了一季、一年之后，纸箱本身容易潮湿变形，许多小虫子甚至蟑螂也都会跑进去。且尘螨喜爱附着于纸箱或布制品上，容易造成宝宝过敏。

关于过季衣物的收纳工具，两位专家都建议选择密封式的收纳工具，可隔绝空气，没有潮湿问题；密封性佳，更不用担心有虫入侵。

真空收纳袋是最适合过季衣物的收纳工具，除了密封性的优点之外，宝宝的厚重外套，若是以叠放方式收纳，占据庞大的空间，使用真空收纳袋可压缩膨松衣物，缩小体积，节省空间。即使存放在床底下，也不会受到潮气的侵害。

如果爸爸妈妈不是选用真空收纳袋，可以将衣服往上放，如衣柜上方，勿将童衣放在床底下，因为地板的湿气较重，长时间不移动，宝宝衣服容易受潮。

爸爸妈妈选择密封式收纳箱时，误以为体积越大，可收纳越多东西，较便宜划算，但到最后，却忘了箱子里到底有何内容物。当爸爸妈妈只是要找寻一件衣服时，就从头翻到尾，又必须重新整理。而体积过大的收纳箱也造成搬运上的困扰。

＊分袋＋分龄，方便好找

即使选择防潮的密封式收

纳箱来收纳新衣或过季衣物，但是爸爸妈妈放后忘记了，等到再拿出来时，已经太小穿不下，就太可惜了！专家建议，使用夹链袋一个个包起来，注明年龄、款式，并将年龄相近的衣服整理在同一箱。使用分袋及分龄收纳，如此一来，当亲友需要某年龄的衣物时，只要瞄一下袋子上的叙述，就知道尺寸及花样，不用一件件打开，容易找寻需要的衣服。

另外，不建议选用抽屉式的大收纳箱，因为并无完全密封，仍有潮湿及虫害问题；通常收纳箱都置于高处，好动的宝宝喜欢东拉拉、西扯扯，容易从高处跌落下来，造成意外伤害。

专家指导

过季衣物 消毒后再穿

在穿着过季衣物之前必须先经洗涤及消毒。消毒方法有很多，虽然漂白水具有消毒的功能，但专家建议，勿使用漂白水，因为若无彻底清洁，易残留，不仅让宝宝肌肤受到伤害，也容易过敏。最简单且自然的方式就是将衣物拿到太阳底下暴晒、将衣物浸泡在100℃热水之中或是将洗衣机水温调节至40℃度等方法，都可以杀菌，保护宝宝的健康。

奶嘴好，还是固齿器好

对很多爸爸妈妈来说，奶嘴几乎是不可缺少的安抚宝宝的法宝，然而当宝宝进入用嘴巴认识世界的阶段时，光是奶嘴似乎已经无法满足宝贝，这时候固齿器能派上用场吗？市面上各式各样不同颜色的固齿器只是噱头，还是真有其功能？妈妈们又该如何帮小宝贝挑选安全无虞的固齿器？

＊关于奶嘴

在3~4个月大就会观察到宝宝出现吃手指或拿东西往嘴里塞的动作，这时很多家长就会开始考虑是否要买奶嘴。奶嘴的功用有哪些？又该怎么挑选呢？请看以下建议：

宝宝吃奶嘴，可达到安抚作用

奶嘴的主要作用是什么？有些喝母乳的宝宝，对妈妈的奶头有很强的依赖性，甚至会以味道作分辨，无论妈妈的奶头或奶嘴，都可以在宝宝需要安抚时发挥作用，宝宝嘴巴有东西含着，会比较有安全感。

而进入口腔期的宝宝，几乎都需要含或咬奶嘴，甚至有咬手指的习惯。

奶嘴怎么挑才安心

一般来说一个奶嘴约可使用3个月，建议妈妈常观察奶嘴有无变质。而妈妈在帮宝宝选择奶嘴时，必须注意几个重点：

1 大小要能适合宝宝的嘴巴。

2 市售奶嘴多以橡胶或硅胶为主。

妈妈挑橡胶奶嘴时最好选择比较天然的橡胶颜色，橡胶材质不能加热消毒，但是比较天然，清洗时记得要用温水，且因为较容易坏，所以要常更换。

硅胶比较能耐高温，使用期也较久，不过对宝宝而言，口感会比橡胶差，使用时比较不舒服。

3 选择有安全标识的奶嘴以确保安全。

4 信誉好，有品牌的大厂制造的奶嘴，对消费者比较有保障。

5 不可贪图便宜，选择来路不明的奶嘴，建议在商店选购要比网购来得安心。

宝宝长牙时为何爱咬东西

由于孩子在2岁前为口腔期阶段，一定要让他满足口腔欲望，所以在2岁之前吸吮手指，是没有关系的，不过最好还是以"吸奶嘴"代替"吸手指"。宝宝吃奶嘴也会上瘾，

而且也可能造成影响，例如在牙齿已长齐之后仍继续吃奶嘴，容易让上牙暴出，建议大约在2岁以后开始戒除宝宝吃奶嘴的习惯，过程中妈妈必须采取逐渐脱离的原则，切忌用强硬方式，立即命令孩子不能再吸允东西。戒除奶嘴主要还是要看孩子的意愿，否则习惯改变得过快则会有反效果。

＊关于固齿器

固齿器的使用主要和长牙有关，若要了解固齿器，也要多少了解宝宝的长牙状况喔！

固齿器可安抚、缓解宝宝长牙不适

一般来说，长第一颗牙约在6～9个月大。孩子在长乳牙时，是从中间门牙开始往后长，而且下排的牙齿会比上排牙齿先长。宝宝长牙时会出现的情况可能有：吃得少、睡不

好、焦躁不安、流口水等。这些症状都是因为牙齿从牙龈肉体冒出来所引起的局部红肿，会让宝宝有不舒服的感觉。在宝宝开始长牙时，很多家长都对宝宝出现的不适感到心疼，因而不确定该如何照护。

先要了解的是，宝宝在长牙过程中特别喜爱咬东西，主要是因为：

★缓解长牙不适 长牙过程牙龈会不舒服，宝宝咬东西可缓和不适感，也有些宝宝特别爱咬手指，严重时会让手指受伤甚至变形，所以妈妈可以给宝宝固齿器，让他有东西可咬。

★具安抚作用 宝宝长牙期间也算是口腔期，这时候宝宝只要拿到东西就会塞在嘴里

咬，给他固齿器能避免他东咬西咬把有害物质给吃进去。

此外，宝宝在刚开始冒牙时，家长若以湿的软纱布仔细清洁宝宝牙齿的表面，不但能够保持牙齿的干净，清除滋生的牙菌斑，还能让宝宝的不舒服得到舒缓。

固齿器如何选才保险

市面上有很多颜色鲜艳的固齿器、固齿器玩具，会不会含有什么有害物？对宝宝会有什么影响？家长在选择固齿器时要特别注意以下几个事项：

1 材质：必须很耐咬，有许多固齿器是用硅胶制作的，妈妈可用高温进行消毒；而天然橡胶比较无害，不过很容易咬坏。

2 颜色：市面上固齿器颜色很多、很鲜艳，选择时要确定材质本身中已经有这样的颜色，而不是涂抹在表面，如果颜色只是在表面，很容易脱落而让宝宝吃进肚子。

3 设计：固齿器的设计应避免容易刮伤宝宝，重量不能太重，而且要能让宝宝的小手可以轻易抓握。此外，选择立体的会比平面的来得有趣且多变化，较能吸引宝宝目光。

4 尺寸：大小要适中。

5 品牌：选择有信誉大厂制作的固齿器，尽量避免网购，也不要在玩具店购买。

玩具可以替代固齿器

有些妈妈会将玩具当成宝宝的固齿器。玩具也可以当固齿器，不过要避免颜色太鲜艳，并注意颜色不能只是涂抹上去，而且不可给宝宝太小、容易误吞的玩具，妈妈也要常注意玩具的坚韧性，一旦有破损就要禁止宝宝把玩。

玩具也和固齿器一样，必须有安全标志，材质以橡胶、硅胶为主，而且不要一次给太多，以免宝宝一下子玩腻而过于浪费。

食物可当做天然固齿器

要舒缓宝宝长牙的不适感，可让宝宝咬冰过的固齿器，或让宝宝去咬切成粗条状且冰过的红萝卜、小黄瓜、甘蔗，其中又以甘蔗为较佳，因为甘蔗有硬度、有口感，再说一般固齿器为橡胶制品，食物相对而言是更天然的。家长只要注意不要让宝宝噎到，就会是个很不错的选择。

宝宝长牙需要咬的是耐磨的物品，如果给饼干、米果等婴儿食物，是无法替代固齿器的，因为食物一吃就没了，有些像是米果的饼干，只要进到嘴里就溶化，很难满足宝宝口腔期的需求。另一方面，假如给宝宝一块苹果，要注意太小块宝宝可能会吞进去而噎到，而且一块食物啃很久，卫生上也会令人担心。至于水果、饼干这些食物，都要在宝宝开始吃辅食后才能给予，因为这类食物其实主要在训练宝宝的吞咽和咀嚼能力。

关于戒除安抚物最怕无法在必要时戒除，以下为家长常提出的疑问，且看医生对此有何建议：

过了口欲期还在吃奶嘴，该怎么戒？

通常宝宝到2岁以后，牙齿多已长齐，也没有牙龈不适的情形，所以这时候渐渐地不再爱乱咬东西，可以脱离咬奶嘴、咬手指的阶段，最晚也会在上小学前，四五岁的时候成功摆脱奶嘴。

如果宝宝对奶嘴已经上瘾，可能要花点儿时间帮他戒除，这段时间妈妈不能太急，也不要用骂的方式，只要有耐心，时间一到自然会戒除。

涂生姜帮助戒除

建议妈妈可以在奶嘴涂点生姜，有的家长会用辣椒，辣椒太辣，应避免让宝宝接触。市面上也有专为宝宝戒除奶嘴的专用药物，含有特殊味道，对宝宝有阻遏作用，不过有些宝宝还是照吃，一点儿都不怕。

如果这些方法都宣告失败，应该将时间拉长，避免让宝宝看到奶嘴，宝宝想睡、需要安抚时再给予，只要安静下来就要拿走，慢慢地，宝宝就不会一直惦记着奶嘴。有咬手指习惯的宝宝，因为随时想咬就咬，想戒除会比较困难，大一点儿的孩子可用沟通或告诫方式，或涂生姜以及宝宝不爱的味道，也是可以考虑的方法。

上小学还在吃奶嘴，该怎么办？

到了上小学，假如孩子仍旧离不开奶嘴，或者还是喜欢咬手指，可能因为小时候口腔期没有被满足所造成，这时候除了要了解原因之外，必要时应该请儿科大夫进行诊断，想办法帮助戒除。

很多家长一直为宝宝离不开奶嘴而感到困扰，事实上只要时间一到，孩子自然会戒掉吃奶嘴、咬手指的习惯，最重要的是家长不能太急、太紧张，真的拖了很久、上了小学还未戒除时，再请专业医师协助。

专家指导

注意使用卫生

因为许多病菌都经由嘴巴进入体内，所以家长也要时常将家中所有幼儿可能会放入嘴巴的东西清洗消毒干净（如长牙咬的固齿器、玩具、奶嘴、餐具、奶瓶等物品）。安抚奶嘴在使用卫生上要更留意。宝宝的玩具也应该定时清洗；清洁时，可浸泡55℃的清水中至少10分钟。

4~6个月宝宝的关键饮食

＊乳类

4 个月宝宝

母乳或母乳 + 配方奶

上午：6:00、10:00

下午：14:00

晚上：18:00、22:00

各喂 1 次，每次喂 120~180 毫升

5 个月宝宝

母乳或母乳 + 配方奶

上午：6:00、10:00

下午：14:00

晚上：18:00、22:00

各喂 1 次，每次喂 150~200 毫升

6 个月宝宝

母乳或母乳 + 配方奶

上午：6:00、10:00

下午：14:00

晚上：18:00、22:00

各喂 1 次，每次喂 150~200 毫升

＊ 米汤

材料：大米 3 大匙

做法：

1 将大米洗净用水泡开，放入锅中加入三四杯水，小火煮至水减半时关火。

2 将煮好的米粥过滤，只留米汤，微温时即可喂食。

功效解析：大米含有丰富的

碳水化合物，能给宝宝补充能量。

＊ 蔬菜泥

材料：嫩叶蔬菜（如小白菜）50 克，牛奶 1/2 杯，玉米粉少量

做法：

1 将蔬菜嫩叶部分煮熟或蒸熟后，磨碎、过滤。

2 取碎菜加少许水至锅中，边搅边煮。

3 快好时，加入牛奶和玉米粉及适量水，继续加热搅拌煮成泥状即可。

功效解析：可补充各类维生

素，如胡萝卜素、维生素 A、维生素 C 等，能促进骨髓与牙齿的发育，有助于血液的形成。

＊ 香蕉苹果泥

材料：香蕉 1/2 根，苹果 1/2 个

做法：

1 将香蕉去皮；苹果去皮去核。

2 用榨汁机将果肉打成泥状即可。

功效解析：水果泥能提供维生素、矿物质及高量酵素等，促进宝宝生长发育。

＊ 鱼汤粥

材料： 大米 2 小匙，鱼汤 1/2 碗

做法：

1 将大米洗净后放在锅内浸泡 30 分钟。

2 加入鱼汤煮沸，然后继续用小火煮 40~50 分钟即可。

功效解析： 鱼汤中含有丰富的营养物质，特别是钙、磷等，经常食用，宝宝会越来越聪明。

＊ 蛋黄粥

材料： 大米适量，肉汤 1/2 碗，熟鸡蛋黄 1/4 个

做法：

1 煮大人饭时，放米及水在煲内，用汤匙在中心挖一个洞，使中心的米多些水，煮成饭后，中心的米便成软饭，把适量的软饭研成糊状。

2 将适量的肉汤滤去渣，如果用鱼汤要特别小心以防有幼刺，除去汤面的油。

3 将汤和饭糊放入小煲内煲滚，用小火煲成稀糊状，然后放入熟鸡蛋黄（要捣成糊），搅匀煮沸即可。

功效解析： 鸡蛋黄中含有丰富的维生素 A、维生素 B_2、维生素 D、铁及卵磷脂。卵磷脂是脑细胞的重要原料之一，能

够促进宝宝智力发育。

＊ 番茄鱼泥

材料： 净鱼肉 100 克，番茄 50 克，鸡汤 1 小碗

做法：

1 将鱼肉煮熟后切成碎末；番茄用开水烫后剥去皮，切成碎末。

2 锅内放入鸡汤，加入鱼肉末、番茄末，煮沸后用小火煮成泥状即可。

功效解析： 鱼肉中含丰富的蛋白质，蛋白质是宝宝代谢反应不可缺少的酶、神经递质、血液成分、免疫抗体，同时也是能量来源。

＊ 核桃仁粥

材料： 核桃仁 10 克，粳米或糯米 30 克

做法：

1 将米洗净放入锅内，加适量清水用小火煮至半熟。

2 核桃仁炒熟后碾成粉状，拣去皮后放入粥里，煮至黏稠即可食用。

功效解析： 核桃仁富含丰富的蛋白质、脂肪、钙、磷、锌等微量元素以及不饱和脂肪酸，对宝宝的大脑发育极为有益。

帮助宝宝轻松入睡

哄孩子睡觉是宝宝阶段时爸爸妈妈的最大课题，孩子不同的气质及不同的照顾方式会影响他们的睡眠时间及质量，更左右着爸爸妈妈们每一天的精神。本篇整理了专家们提出的睡眠方法，并解答关于宝宝不安眠的问题，一起准备来个好眠的夜晚吧！

认识睡眠

睡眠在生活中扮演着非常重要的角色，占每一个人一生当中相当多的时间，宝宝更是几乎有超过一天半的时间在睡觉；睡眠对生理发育来说很重要，不管是新生儿或是幼儿生理发育都是在睡眠中进行的，尤其是生长激素分泌高峰期在晚上，宝贝睡得多就会长得快、长得高，俗谚：婴仔婴婴困，一眠大一寸。这句谚语不是没有道理的。婴幼儿的大脑尚未发育成熟，一点儿刺激都会让宝宝感到疲倦，睡眠有助于宝宝恢复精神，并促进心智发育及生理发育；睡得好的孩子脾气会较温顺，不会暴躁，注意力比较集中，警觉性、反应也会较好。

✱ 睡眠时间由长而短

从小到大的睡眠时间，大致来说是由长而短的，即使睡得很多，睡眠时间仍有迹可循，3个月以下的新生儿所需的睡眠时间最长，一天有11~18个小时都在睡觉，平均睡眠时间约为15个小时，其中白天与黑夜的时间约各占一半，睡眠时间也不太一定。

专家认为新生儿的睡眠分做大、小眠是正常的，大眠指的就是长时间（5~6个小时）的睡眠，而小眠则是指短约20分钟的小睡。人的睡眠分做容易清醒的动眼期及陷入熟睡的非动眼期。在一个完整的睡眠时间当中，动眼期及非动眼期

40~50分钟即有一个循环，因此宝宝熟睡最快约50分钟即会起来，若只是稍微发出一些声响后又继续睡下去，即可推算宝宝大概又会再睡50分钟。

＊3个月～3岁睡眠开始进入固定模式

等到宝宝进入3个月之后，睡眠的时间会渐渐地固定，并进入白天睡眠时间短、晚上睡眠时间长的模式，3个月前所出现的日夜颠倒现象也会慢慢地改善，4个月以上的宝贝70%晚上可以连续睡5~6个小时，到了1岁宝宝便已经可以进步到晚上连续睡10~12个小时。就如同每个大人的睡眠质量及习惯不一样，孩子在出生之后也有属于他独特的睡眠模式，不必为了比较而对自己宝宝的睡眠质量感到气馁，少或多1~2个小时都还可以算在正常的范围之内。宝贝在夜晚中短暂醒来都是正常的现象，父母应先作好心理准备。当父母发现如呼吸困难、

经常难以入睡、时常显露睡眠不足、不寻常的惊醒、对睡觉有恐惧等情况，影响到宝宝行为（专注力、暴躁），则应请教医生，找出是否有其他尚未被发现的因素。

＊找出宝宝睡不好的原因

宝宝的睡眠时间无法固定，或是有持续日夜颠倒的现象，多少与外在因素有一些关系，爸爸妈妈们应试着发现问题作改善，对宝宝进行睡眠仪式的训练，有机会提高宝宝的睡眠质量；专家认为，外在的因素包括：

生理需求未被满足：半夜醒来的宝宝，大都是由于肚子饿了想找东西吃才会醒来，由于母乳的排空比较快，

因此宝宝夜晚起来索奶是相当正常的。

大人的影响：现在有许多家庭早上由保姆或是爷爷奶奶带，晚上再带回家中，早上的照顾者为了有多余的精力可以做其他事，大都会给予宝宝比较舒服、适合睡眠的环境，步调也会比较慢一点儿，让宝宝在早上的时间几乎都在睡觉。晚上爸爸妈妈回家后，看到宝宝是相当兴奋的，也许会逗逗他或陪他玩一会儿，加上爸爸妈妈的睡眠时间比较短、动作也比较多一些，宝宝就可能会比较晚睡或睡不好。

睡觉的环境：适合的床铺、枕头及较黑暗、安静的周遭气氛能帮助宝宝较快速入眠。

疾病：如同大人一样，与呼吸道相关的先天性疾病也会

影响到宝宝，包括鼻息肉、鼻过敏及腺样体肥大，呼吸不顺时会中断宝宝的睡觉使他醒来。有些家长会以孩子睡觉时的呼吸声判定孩子的睡眠质量好不好，但其实只要宝宝整晚睡得安稳，呼吸道狭窄所造成较大的呼吸声都是可以接受的。

＊认识好的睡眠品质

除了睡眠时间充足，睡眠的质量也同等重要，睡觉中或坐起来或说梦话，不一定代表孩子睡眠质量不好，要怎么分辨呢？

前面所提到的动眼期及非动眼期，即可作为宝贝睡眠质量的参考，动眼期与非动眼期加在一起即为一个睡眠周期，约 50 分钟，一晚的睡眠周期有 7~8 个，并随着睡眠时间越久，动眼期的时间就越长，宝贝会越来越清醒。

在动眼期中，无论是大人还是小孩皆会有做梦、说梦话、坐起来眼睛张开一下、呼吸心跳不规则、肌肉抽动等反应，宝贝若做噩梦或是察觉身旁的环境改变，就会开始哭泣；动眼期的存在与脑部发育有关，是一种动物本能，必须稍微清醒警觉周遭事物的改变，以免在睡眠之中遭受到外来物的攻击或是身处危险而不自知。宝宝由浅睡进入熟睡的时间比大人快，约 10 分钟即可进入熟睡；在非动眼期里是不会做梦的，有些孩子在夜里惊醒即使在此期间，也不会影响到睡眠质量。新生儿一天大约有 8 小时动眼期和 8 小时的非动眼期；4 个月左右动眼期慢慢地减少，到了 2 岁，幼儿的睡眠循环就比较接近成人了。

适合宝宝的睡眠模式

认识睡眠之后，最重要的即是帮助宝宝调整至适合他们的睡眠模式，使宝宝能够好好地在白天醒来、夜晚睡觉，不能单单靠着生物本能。家长所布置的睡眠环境及所采取的行动都影响着宝宝能不能好睡的关键。在孩子三四个月大时就应准备开始建立一套好的睡眠模式，否则等到孩子1岁之后会走路了，再要求孩子要自己睡或是乖乖地躺着就会变得不太容易了，这段时间会变成父母和孩子的拉锯战，必须等到3岁能沟通之后才能慢慢地改

善，因此家长可尽量把握孩子的黄金训练期，保证自己及孩子都拥有良好的睡眠质量。

以下几点皆为常见的小儿睡眠障碍问题，我们将从问题中找出解决方式，并提出更有效率让宝贝入睡的方式供爸爸妈妈作参考。

* 入睡困难

入睡困难几乎是新手父母都会遇到的问题之一，当遇上较没有安全感的宝宝时，要将宝宝放置床上让他自己睡简直是难上加难！有些家长为了避免让孩子整晚哭泣睡得不好，甚至会抱着宝宝让他在怀中睡整夜，造成手部酸痛或是受伤，这成为家长们的一大烦恼。

想要让孩子可以整晚在婴儿床上好眠的父母，训练孩子入睡中有一个重点，即是：不要让孩子在床以外的地方睡着，因为孩子夜晚总会因为动眼期而醒来，若孩子醒来的时候发现环境已经与他入睡的环境不同（为什么妈妈不见了？为什么变得黑黑的？）不安全

感渐渐让孩子变得焦虑，半夜里的哭泣即无法避免；专家表示，让孩子自己在床上睡着的好处是让他们学习自己入睡，趁宝宝有睡意但还未睡着时就将他放在床上，不要让宝宝在怀中睡着，虽然半夜仍会醒来，但宝宝会渐渐学习用自己的方法让自己入眠。

* 建立良好的入睡仪式

一个好的入睡仪式必须是静态的，可以让宝贝安心的。入睡仪式是相当重要的，让宝宝知道准备要睡觉了，恒常的规律性会让宝宝感到安心放松；每个人的入睡仪式独一无二，依个性、习惯而不同，仪式内容可以是洗澡、按摩、换睡衣、讲故事、抱抱、玩（静态）、唱歌、听音乐、谈心（不管听不听得懂），确定能帮助宝宝安静下来，无论从哪里开始都要在房间里结束。整个仪式的程序不要超过45分钟，且宝宝放到床上时要醒着，以训练孩子自己入睡的能力。奶嘴可以是帮助孩子进入睡眠的安抚

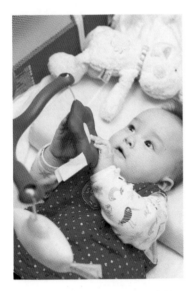

工具，但6个月之后建议戒掉，以免影响孩子牙齿的发展。

建立睡眠仪式时应尽量让两个人的步调一致并确实与孩子互动，孩子是很聪明的，当他们发现不同的人可以得到自己比较喜欢的结果时，便会主动用他喜欢的方式去做，这样可能让睡眠仪式的时间越拖越长甚至失败；若照顾者的步调无法一致，那么至少要坚持自己所用的方法，不随意对孩子的哭闹及要求举白旗。

✳ 睡眠的挪步练习

一开始照顾者先坐在婴儿床边，这样很容易就可以安抚宝贝，让他放心。每3天就往房门离远一点儿，最后退至房门外，但还是要能安抚他。若父母或宝宝较容易紧张，则父母可用床垫或睡袋在婴儿房睡几晚，当做让宝宝放心的前奏曲，如果宝宝对种种改变反应很快，父母就得加速完成挪步练习的程序。

当父母给宝宝的安抚越来越少时，宝宝给自己的安抚就会越来越多——吸吮手指头、捻弄头发、偎着被子，或是挨近熊宝宝。在就寝时间或夜间，都用温柔的方式慢慢地离开，让他建立信心，认定爸爸妈妈就在附近，随时都可以响应需求，于是就能学到：虽然我没看到他们，但我知道妈妈就在身边，还有爸爸很爱我，而且就在我身边。

✳ 夜半醒来动作或哭泣

宝宝在夜里醒来的比例依照年龄有所不同，3个月约70%、6个月85%，6个月到1岁之间睡眠状况有时会稍微退步，但只有20%～25%的宝宝会在夜间醒来；1~2岁之间约有20%会夜间醒来，4岁以后10%～15%会夜间醒来。宝贝在夜间醒来除了肚子饿或是尿布湿等生理需求外，疾病（感冒、中耳炎等）及长牙等也可能会引起宝宝的不舒服而醒来，心理因素包括环境改变、家人不在身边等情况则也可能是夜间醒来的原因之一。

✳ 夜间惊醒与噩梦不相同

宝宝在半夜醒来分做两种情况，一种是无意识地夜间惊醒，另一种是有意识地被吓醒。夜间惊醒从2~4岁才会开始，发生在睡眠中的非动眼期（通常在整晚睡眠中前1/3的时间），与宝宝的疾病或是情绪有关，有时伴有梦游或尖叫的现象，但与做梦并不相同，若发现宝宝正在起身或梦游但是眼睛没有张开，轻声地叫他也没有反应时，建议静静地在一旁观察其安全即可，若强制安抚则会越来越糟糕。

噩梦与夜间惊醒完全不同，属于有意识的脑中活动，大多发生在睡眠后1/3的动眼期，把日间的经验带到梦当中，惊叫或哭一下也属正常。孩子在噩梦之后通常会完全醒来，此时家长应给予安慰及拥抱，先抚平孩子的情绪；2岁以上的孩子已经可以沟通，家长可在安抚的同时理清噩梦的不真实处。在与孩子理清的过程中便可以了解孩子所害怕的东西是

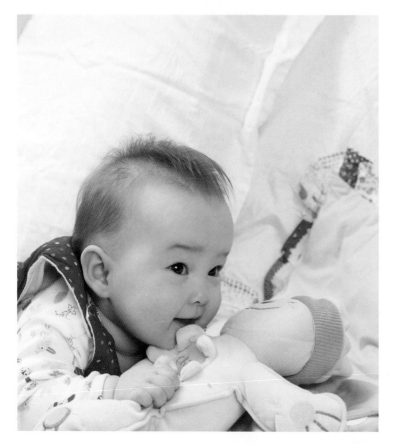

什么，应依据孩子的反应改变白天可能引起噩梦的环境及原因，若孩子因严重噩梦而无法入睡时，爸爸妈妈就应考虑带宝宝看医生了。

* 日夜颠倒

日夜颠倒几乎是每个新生儿都有的问题，2个月以前的婴幼儿睡眠时间长，因为在妈妈肚子里时无法分白天或是晚上，出生后就会日夜颠倒，当

遇到这样的孩子时，当妈妈想睡时宝宝又不想睡，对于也需要补充体力的爸爸妈妈来说是很累人的一件事。日夜颠倒的情况不会自然消失，仍必须靠睡眠仪式的训练才能让宝贝在应该睡觉的时候睡着。家中有3个月以下的宝贝，家长必须有点儿耐心，因为睡眠的模式虽然可以训练，但不是每一次努力都可以达到效果，建议白天时多陪伴孩子游玩、抱抱孩

子，且睡眠不应超过3小时，超过时轻轻地摇醒孩子陪他玩一下，每一次睡眠循序渐进提早15分钟叫醒孩子，晚上6点之后至睡觉时间之前，也应尽量不要再让孩子去睡。

* 辨认孩子的睡眠信号

在宝宝该睡觉的时候，应尽量快速地完成入睡仪式，让宝宝能躺在自己的床上入睡，但孩子到了比较大的时候，可能上一秒为了玩还硬撑不睡觉，下一秒又呼呼大睡，孩子若不在自己的床上睡着，又可能会破坏了已经建立好的睡眠规则，因此辨认孩子的睡眠信号成为一项很重要的任务，专家提出了几项征兆，表示宝宝的睡觉时间到了：

- ● 揉眼睛　● 打呵欠
- ● 动作迟缓　● 无精打采
- ● 了无生气　● 眼神茫然
- ● 呜咽闹脾气
- ● 对人或玩具都没兴趣

新手父母需要练习一下才能认出这些征兆，因为每个小孩都不一样，有的会有自己独一无二的信号，像是要家人念故事书，或和某个动物玩偶依偎在一起，但重点永远都是：

现在就让我上床睡觉，不然你会后悔！

✽ 同房睡，分房睡

关于同房睡、分房睡的议题，有非常多不同的意见。研究显示，和妈妈一起睡，宝宝半夜醒来的时间会比较少，因为妈妈主动安抚的机会大，但对于父母亲密动作却有麻烦。主要仍是要看家长对孩子安全感及个性的了解程度，在此，专家提供以下建议供爸爸、妈妈参考：

追奶期

在追奶期，妈妈必须要多哺育母乳才会有足够的乳汁可以喂饱宝宝，此时孩子对于奶量的需求及次数也很多，为减轻妈妈的负担，此时可将宝宝放在床上与妈妈一同睡觉，唯一需要注意的是不要选择太软的床垫，睡觉时也要注意宝宝的位置，以免发生压到宝宝或是宝宝掉到床下的意外。

前 3 个月

等到妈妈已经可以在固定的时间哺喂母乳，就应让宝宝练习睡在自己的床上，但仍可以将床放置在房间当中，并在宝宝的床与自己的床中间用薄布隔开，营造宝宝自己的空间。

3 个月之后

3 个月之后的宝宝应可以开始练习睡在自己的房间及床上，但是必须在父母听得到宝宝声音的距离。若孩子到了 1 岁仍无法分房睡，那么就必须避开孩子 1~3 岁分离焦虑的年龄，再开始练习分房入睡。

有些孩子非常没有安全感，睡在自己的房间会很害怕，并且哭超过半个小时，这样的孩子硬要他单独睡眠是很残忍的，此时可暂时让宝宝与父母睡在同一个房间，但还是要训练他睡在自己的床上，并在白天时多与他互动建立安全感。

第 3 章

固体辅食添加关键期
（7~9 个月）

7~9个月宝宝身体发育情况

这个时期宝宝最显著的特点就是乳牙冒出来了，而且可以用小手支撑着身体手膝爬行，匍匐取物，到八九个月的时候，有的宝宝可以自己不靠着物体坐起来了。

这个阶段宝宝的饮食，除了可以添加磨牙饼干、肉末等固体辅食来帮助宝宝磨牙外，还要给宝宝补充含碳水化合物丰富的食物，如米饭、稀粥等，给宝宝提供活动的能量。

7~9个月宝宝营养新知快递

✱ 宝宝一日饮食安排

每天白天 3 次，晚上 2 次，给宝宝喂母乳或母乳＋配方奶 200~220 毫升，白天的 2 次喂奶之间给宝宝添加馒头片（面包片）、鸡蛋羹、蛋糕、肉末、胡萝卜之类的辅食，每次 50 克。

此外，每天 1 次给宝宝喂食适量鱼肝油，并保证饮用适量白开水。

宝宝辅食添加学问大

当母奶不足以补充宝宝营养时，就该补充辅食喽！除了基本的辅食补充原则外，当食物中的成分发挥其营养价值时，更能让宝贝在吃辅食后身体壮壮。

陪伴孩子 6 个月的爸爸妈妈，相信在渐渐地习惯育儿生活的同时，也知道要开始准备让宝宝习惯不一样的食物，除了训练宝宝的咀嚼能力之外，更重要的是让宝宝摄取到食物中的营养成分。每一种天然的食物皆含有丰富的营养，且针对不同需求，会有不同的效用，添加辅食的同时，不妨将宝宝需要的营养作为参考，更能促进宝宝的身体发育。

＊从低过敏源的食材开始，充满过敏源的肉类最后尝试

辅食添加时应掌握两个原则：由液状至泥或糊状，由米、麦粉开始，依序尝试蔬菜、水果及肉类。孩子刚接触辅食时训练孩子的咀嚼功能，因此刚开始给予同母乳般液状的食物孩子会较容易吞咽，也比较容易消化，等孩子习惯之后，再给予较稠的果泥、蔬菜泥等。

对爸爸妈妈来说，提到五谷根茎类，大部分的人会想到米饭、面食，但其实山药、马铃薯、地瓜、南瓜等也算是五谷根茎类的一种，其口感与米饭较不同，不失为另一种多元的选择。

至于肉类食物虽然富含丰富的蛋白质，有助于宝宝的成长发育，但过敏源也跟随着蛋白质而来，因此建议家长在添加肉类时应尽量小心，并于宝宝6个月之后慢慢添加。包括蛋、牛奶、黄豆及带壳海鲜等富含蛋白质的食物，都可能造成过敏，应每一次添加1种，观察5~7天之后确定不会造成宝贝过敏（例如有拉肚子或红疹现象），再尝试下一种食材。若要添加蛋类食物，也应先加蛋黄，蛋白应于10个月后尝试，减低过敏情况发生。

＊食用方式大学问

尽管蔬菜及水果对孩子来说是天然又营养的成分，但有些蔬菜粗糙的纤维对宝贝来说却可能是潜在的危机。粗糙、较长的纤维如金针菇、菜梗部分等，使用果汁机之后仍无法将食物有效打碎，宝贝食用时可能会因此呛到，具有潜在的危险；若要给宝宝食用蔬菜，一开始建议由瓜果、菜叶开始，这些会是较容易咀嚼。

水果的部分，专家建议爸爸妈妈先选择有皮的水果。由

于水果不像其他的食材都会经过烹调，水洗不一定能清洗干净，因此选择带皮水果，要吃的时候把皮剥掉再吃，避免将果皮上可能含有的不干净、具有病菌的成分吃下肚。

＊苹果泥缓解宝贝腹泻

苹果泥水溶性纤维丰富，当水溶性纤维进到肠道之后，会吸收肠道中的水分，缓解腹泻状况。

＊高盐、高糖，别碰为妙

基本上，孩子所食用的食品限制与大人没有太大的差别，但由于孩子的肾脏尚未发育完全，很多大人吃的加工品如芝士、火腿等，都含太多盐分及调味，若直接打成泥让孩子享用，可能会造成孩子肾脏的负担，家长一定要小心为好。另外，若食用添加太多的盐分及其他调味品等重口味的食物，会使得孩子的口味越来越重，长期下来便容易患高血压。

小朋友都爱吃甜食，若妈妈喂甜甜的东西，宝宝的胃口就会变得似乎比较好一点儿，但糖分除了容易导致肥胖及蛀牙之外，一般宝宝感觉甜甜好吃的东西，通常属于单糖类（五谷根茎属于多糖类）。单糖类仅含有糖分及热量，无其他营养素，如过量补充会阻碍宝宝摄取其他营养食物。

＊油腻食物不是补充热量的有效来源

虽然含油脂的食物热量高，但容易让宝宝过重，且过多的热量在体内会转换成脂肪囤积，幼儿期的宝宝脂肪细胞增长迅速，因此幼儿期的肥胖通常也代表身体内有较多的脂肪细胞！因此选择食品时，仍以均衡饮食为主。

听到某些营养食品添加多糖体，其成分不仅能提高巨噬细胞的吞噬能力，亦可以增加免疫系统的溶菌功能，常存在于菇类、木耳之中。由于宝宝尚无法咀嚼多糖体丰富的菇类，建议爸爸妈妈们可使用质地较软且纤维较细的木耳来代替，或是以菇类熬煮高汤（不过熬汤能将营养素溶解在汤中的效用有限）。

*维生素 C：维生素 C 本身就可提升宝宝的免疫功能，从水果中就能有效摄取，柑橘类水果尤其丰富。

*硫化物：可杀菌的硫化物多存在于辛辣的大蒜、洋葱、韭菜之中，但这些食物可能容易会让宝宝的肠胃感到不舒服，建议爸爸妈妈用也富含硫化物的高丽菜、绿花椰菜替代。

*骨骼强壮食材

宝宝成长阶段，每天都在一点一滴地长大，必须补足骨头所需的营养，才能确保宝贝长得又高又壮。

*钙：宝贝骨骼中基本的组成物质是钙质，牛奶、母奶、吻仔鱼、蛋黄泥及肝泥都富含钙质，豆制品及绿色蔬菜也含

*提升抵抗力食材

宝宝一到换季就不停感冒、抵抗力不足吗？选择可以增加抵抗力的食材，让宝宝健康地成长。

*硒：矿物质硒可修复黏膜及保护皮肤，研究证明硒可增加体液免疫功能并调节免疫作用。而硒与维生素 E 共同作用，对抗体的产生有加强的效果。硒可从洋葱、番茄、牡蛎、鲔鱼等食物中获得。

*锌：为协助白细胞、红细胞及酵素系统生成的营养素之一，可直接刺激胸腺细胞（免疫细胞的一种）增生，维持细胞免疫的完整性。而海鲜类、肉类及坚果类皆为富含锌的食物。

*多糖体：广告中常常会

有少量的钙质；大骨汤或鸡骨汤虽可将少量钙质煮出，但熬煮出的钙质量并不高。此外除了摄取钙质之外，爸爸妈妈也别忘了定时带宝宝出去晒晒太阳，维生素D会在身体内活化，有效地帮助宝宝摄取钙质后对其进行吸收。

* β-胡萝卜素：颜色橘黄色的蔬果如胡萝卜、木瓜及南瓜等，皆有丰富的 β-胡萝卜素，也能帮助宝宝的骨骼发育！

提升聪明食材

吃对食物，会让宝宝身体苗壮之外，还能帮助宝宝的脑部发育，以下几种食材，爸爸妈妈可要适时添加在宝宝的辅食当中。

* DHA、EPA：DHA 与 EPA 能帮助脑部神经传导，在深海鱼与母乳中最容易发现这样的成分；很多配方奶中会添加 DHA 及 EPA，即是因为此为母乳中主要的油脂成分之一。

* 卵磷脂：脑部组织的主要成分，蛋黄、黄豆等都含有丰富的卵磷脂。

* B 族维生素：与人体的能量代谢有关，若缺乏 B 族维生素容易感到疲劳，学习效能自然也会降低。糙米和全谷类就含有丰富的 B 族维生素，此外，牛奶、瘦肉与深绿色的蔬菜，也是爸爸妈妈另一个可以帮助孩子补充 B 族维生素群的来源。

* 牛磺酸：能加速神经元的增生以及延伸，有助于神经讯息的传送，为婴儿脑部及眼部发育提供所必需的氨基酸。成人体内可自行合成牛磺酸，但婴幼儿无法自行合成，只能额外摄取。牛磺酸多存在于母乳当中，若爸爸妈妈想另外从

食物中摄取，则可以选择鱼贝类等蛋白质丰富的食材。

*铁质：铁质虽不能直接促进脑部发育，但足够的铁质能让红细胞们有效运送氧气到脑部，当铁质不足、红细胞短缺时，缺氧的脑部发育一定会受到影响。最佳的铁质来源是肝泥、蛋黄泥及红肉类。豆类及深色蔬菜则是植物中铁质的最佳来源。

*大骨汤，记得去脏去油

烹煮大骨汤或鸡骨汤时必须先汆烫过一次，将骨头表面脏脏的血水烫出来，稍加清洗之后再煮，可确保家人吃得安心。另外，若怕大骨汤对宝宝来说太过油腻，则可将熬好的汤放入冰箱，待最上层油脂凝结后，把最上层的浮油捞掉。

*消化顺畅食材

若宝宝消化系统较弱，肉类中筋的部位与坚果类就不建议爸爸妈妈们让孩子食用；天然食物中木瓜及菠萝的酵素能帮助食物软化，其中菠萝的味道较酸，且纤维较粗，对于宝宝来说是较刺激的食物，不建议过早食用。另外，白萝卜及紫苏梅也有类似的效用。

市面上常见的果寡糖，是宝宝肚子里好菌的食物，又称为益菌生，在天然的食物中即含有，如马铃薯、地瓜等，市面上亦有许多相关产品。选购此种产品一定要注意内容成分，因为此次塑化剂的风波也延及了宝宝的营养补充品，爸爸妈妈必须谨慎了解产品的来源。

*市售辅食添加原则

市售辅食的种类多样，添加时应如同一般天然辅食的添加原则，一次食用一种食物（如果买的是综合果泥，则也算是一种食物），添加时期也应依照一般辅食的原则。

购买时需注意其额外的添加物是否符合食品添加物的使用范围及用量标准。某些辅食会添加乳铁蛋白及乳酸菌等，乳铁蛋白在母乳中含量高（尤其是初乳），是宝宝提高免疫力的主要食物来源之一，但市售乳产品经加热杀菌后乳铁蛋白可能会被破坏，因此仍建议妈妈能以母乳为主，搭配各种天然食材制作辅食，给宝宝更完整的营养。

*怎样给宝宝作口腔保健

妈妈要尽量避免将食物咀嚼后再喂食宝宝，因为蛀牙的

细菌会通过照顾者（父母或保姆）的唾液传染给宝宝。

牙齿的健康需要均衡及足够的五大类营养素，所以应从添加辅食时，就让宝宝养成多吃纤维食物、多喝水、少吃含糖食物的饮食习惯。

避免宝宝含着奶瓶睡觉或喝完牛奶就睡觉，宝宝长时期含着奶瓶睡觉，或喝完牛奶就睡，会造成牙齿长时间浸泡在酸性环境中，久而久之，便会造成乳牙脱钙，进而导致蛀牙，因此应该避免。

每半年带宝宝进行一次口腔检查。

＊ 宝宝挑食怎么办

这个时期的宝宝爱挑食，今天挑选这个吃，明天挑选那个吃，这一餐饭这种食品多吃一点，那一餐饭另一种食品多吃一点。其实，宝宝这时表现出来的挑挑拣拣，是一种无意识的、毫无目的的行为，其中包含着一定的游戏成分。当宝宝表现出不喜欢某种饮食时，有的家长就会一味地迁就，这些家长常常是以满足宝宝的好恶为己任，从而忽略了劝说和引导。当宝宝表现出喜欢吃某种食品时，父母马上就会心领神会，迫不及待地专程去采买，只顾让宝宝能多吃一些，就会感到心安理得，而忽略了对宝宝饮食习惯的培养。久而久之，家长的行为强化了宝宝的行为，宝宝便养成吃饭挑食的坏习惯。所以归根结底，宝宝之所以养成挑食的不良习惯，与家长照料失误有直接的关系。

经常挑食的宝宝，会造成某种或几种营养素的缺乏，直接影响宝宝的健康和正常的生长发育。所以，一定要帮助宝宝纠正挑食的坏习惯。

＊ 如何让宝宝不挑食

1 避免边进食边做其他事情，创造一个良好的进食环境。

2 用语言赞美宝宝不愿吃的食物，并带头品尝，故意表现出很好吃的样子。

3 宝宝对吃饭有兴趣后，你要经常变换口味，以防宝宝对某种食物厌烦。

4 适时给宝宝添加蔬菜类辅食，如蔬菜汁或蔬菜水。

5 包子、饺子等有馅食物大多以菜、肉、蛋等做馅，这些食物便于宝宝咀嚼吞咽和消化吸收，且味道鲜美、营养全面，对于不爱吃蔬菜的宝宝不妨给他们吃些带馅食品。

宝宝的食欲也会像大人那样随着情绪而变化，如宝宝不喜欢某种食物的颜色而不愿意吃它，或跟大人闹情绪而影响食欲，这些是正常的现象，家长不用担心。只要在辅食添加方面逐渐让宝宝接受就好了。

＊宝宝爱吃甜食怎么办

对宝宝来说，可以从甜食中得到蛋白质、脂肪、碳水化合物、无机盐、维生素、膳食纤维、水和微量元素。对于甜食，不是说宝宝绝对不能吃，而是应给予一个合理的比例。

宝宝甜食吃得太多，他的味觉会发生改变，他必须吃很甜的食物才会有感觉。这样会导致宝宝越来越离不开甜食，甜食也越吃越多，而对其他食物缺乏兴趣。

过多地吃甜食还会影响宝宝的生长发育，导致营养不良、龋齿、"甜食依赖"、精神烦躁、加重钙负荷、降低免疫力、影响睡眠以及出现内分泌疾病。

要培养宝宝的口味，让宝宝享受食物天然的味道，给宝宝提供多样化的饮食，保证营养的均衡，控制宝宝每天吃甜食的量。

饭前饭后以及睡觉前不要给宝宝吃甜食，吃完甜食后要让宝宝漱口。父母榜样的力量是无穷的。想让宝宝少吃甜食，父母首先要控制自己吃甜食的量。

＊开始训练宝宝自己吃饭

八九个月的宝宝在吃饭的时候总想自己动手，这时可以手把手地训练宝宝自己吃饭。妈妈要与宝宝共持勺，先让宝宝拿着勺，然后妈妈帮助把饭放在勺子上，让宝宝自己把饭送入口中，但更多的是由你帮助把饭送入口中。

注意不要让宝宝躺着或边玩边吃，以免噎着宝宝或使食物掉得到处都是。好的餐桌礼仪和饮食习惯是需要从小培养的。

＊怎样培养宝宝定时、定点吃饭的好习惯

这个时期是培养宝宝定时、定点吃饭的好机会，可以让他养成良好的就餐习惯。

八九个月的宝宝大多数可以通过餐具进食了，妈妈可以每次让宝宝坐在固定的场所和座位上（一般常选在推车上或宝宝专用椅上）来喂饭，让宝宝使用自己专用的小碗、小匙、杯子，让宝宝明白，坐在这个地方就是为了准备吃饭，每次坐下后，看到这些餐具便通过条件反射知道该吃饭了。

这时宝宝对吃饭的兴趣是比较浓的，急于想吃到东西，很愿意听从父母的安排，坐在自己的饭桌前，高兴地等待香甜的饭菜。久而久之，宝宝坐在一处吃饭的良好习惯就养成了。

如果到了1岁多再来培养宝宝的吃饭习惯就晚了。1岁的宝宝兴趣日益广泛，再也不把大部分精力集中在吃饭上而是玩上，根本不会老老实实地坐着吃饭，绝大多数宝宝也就养成了边吃边玩的坏习惯。

小心并发中耳炎

在季节转换之际，温差变化明显，病毒也开始活跃，稍未留意，宝宝很容易因为感冒而引发中耳炎，家长不可大意，在生活中作好防范以远离中耳炎的威胁。

✱ 小心！细菌跟在病毒后乘虚而入

季节交替，天气不稳定，幼儿容易因为感冒而引发中耳炎，专家表示，这和耳朵构造有关，耳腔和咽喉中间有个欧式管，婴幼儿耳朵中的欧式管比成人短，而且呈现水平状，一旦感冒后，细菌很容易侵入，从欧式管跑到中耳而引起感染发炎。

细菌和病毒有共生关系，细菌往往跟在病毒后头，所以常会有小朋友得了流感，病情已趋缓时，细菌却开始乘虚而入，紧接着就出现中耳炎。

＊症状不明显，幼儿哭闹、抓耳要注意

越小的小孩得了中耳炎，症状越不明显，主要与婴幼儿无法正确表达有关，除了发烧之外，孩子多半以异常哭闹、抓耳朵为表现，严重时可能导致耳膜破裂，进而流出脓液，大一点儿的孩子就会主动说耳朵疼痛。因此，家长必须仔细观察婴幼儿细微的动作，以便及早发现并就医。

根据统计发现，有高达75%的人一生中曾得过中耳炎，其中约有25%会反复感染，原因在于每个人抵抗力的不同或中耳功能出现异常；此外，经常暴露于病毒中也会增加中耳炎风险；而上一次中耳炎未彻底治疗，也较容易再次感染。

＊反复感染可能造成听力受损

婴幼儿罹患中耳炎，经由儿科医师的诊治大多可以痊愈，但罹患中耳炎如果未加以治疗，可能会有严重并发症及后遗症，尤其是婴幼儿，严重的中耳炎会出现化脓或慢性积液，经儿科医师评估，必要时可能需要转诊耳鼻喉科医师采取手术引流治疗，将耳膜打开，引出脓液，并给予抗生素治疗一段时间。极少数患儿可能因为中耳炎治疗不当，使细菌经由中耳进入乳突内，而造成乳突炎，耳朵后面出现红肿热痛，甚至进一步并发脑膜炎，而且长期且反复感染，也较容易影响孩子将来的听力，不可不重视。

婴幼儿罹患中耳炎，家长在照顾过程中，最重要的就是配合医师的治疗，按时且固定服药，并观察耳朵是否有化脓或不明液体流出，通常只要依照医师指示用药彻底治疗，绝大多数患儿不会并发乳突炎。

对于中耳炎的治疗，欧洲国家建议先观察，尤其大一点儿的孩子可先给予止痛、退烧药物。而国内对于中耳炎的治疗，多会在第一时间给抗生素，主要担心若先观察一两天，病情可能更严重，并发症的风险会增加。虽然中耳炎不一定是细菌感染造成，不见得要用抗生素，只要跟您的医生讨论，配合追踪，就不需担心并发症的发生。

＊预防中耳炎的注意事项

预防婴幼儿罹患中耳炎，家长应遵循以下几个原则：

1 培养孩子建立正常作息：包括充足的睡眠、避免日夜颠倒。

2 均衡的营养摄取：多吃蔬菜、水果，以补充足够维生素。

3 避免二手烟：烟对肺部的伤害早已被证实，烟里头的微粒物质一旦吸进体内，肺部纤毛会受影响而受损，感染风险自然增加。

4 流行期尽量避免出入公共场所。

5 居家保持空气流通。

6 家中有感冒患者，应该戴上口罩。

7 洗手后才能抱小孩。

怎样为学步的宝宝挑选鞋子

一般来说，穿鞋子除了美观之外，最主要的功能是保护脚。宝宝的脚长得快，特别是会站会走以后，选择一双大小合适的鞋子就非常重要了。因为宝宝还小，即使鞋子穿着不舒服也无法告诉妈妈，所以妈妈需要知道怎样为宝宝选择鞋袜才能有利于宝宝小脚的生长发育。

1 看尺寸：宝宝的脚趾碰到鞋尖，脚后跟可塞进大人的一个手指为宜，太大与太小都不利于宝宝的脚部肌肉和韧带的发展。

2 看面料：布面、布底制成的童鞋既舒适，透气性又好；软牛皮、软羊皮制作的童鞋，鞋底是柔软有弹性的牛筋底，不仅舒适，而且安全。不要给宝宝穿人造鞋、塑料底的童鞋，因为它不透气，还易滑倒摔跤。

3 看鞋面：鞋面要柔软，最好是光面，不带装饰物，以免宝宝在行走时被牵绊，以致发生意外。

4 看鞋帮：刚学走路的宝宝，穿的鞋子一定要轻，鞋帮要高一些，最好能护住踝部。宝宝宜穿宽头鞋，以免脚趾在鞋中相互挤影响脚的生长发育。鞋子最好用搭扣，不用鞋带，这样穿脱方便，又不会因鞋带脱落，踩上跌跤。

5 看鞋底：宝宝会走以后，可以穿硬底鞋，但不可穿硬皮底鞋，以胶底、布底、牛筋底等行走舒适的鞋为宜。鞋底要富有弹性，用手弯可以弯曲，防滑，稍微带点儿鞋跟，可以防止宝宝走路后倾，平衡重心，鞋底不要太厚。

7~9个月宝宝的关键饮食

＊玉米豌豆汁

材料：新鲜玉米 100 克，豌豆 50 克

做法：

1 将玉米、豌豆去皮、去蒂洗净。

2 打成汁，只取汁，加一点儿水入锅煮，煮 10 分钟即可。

功效解析：玉米中的食物纤维含量很高，可起到刺激胃肠蠕动、加速粪便排泄的作用，可有效地防治便秘。

＊炒面糊

材料：大米、小麦、黏米、大豆、芝麻各 50 克

做法：

1 将大米、小麦、黏米等谷物以及大豆、芝麻等放在蒸锅里蒸，蒸后的食物在阳光下晾干并炒制。

2 将其磨成粉，即制成炒面，然后用 40℃的温开水冲开搅匀即可。

功效解析：此面糊含丰富的营养，有强身健体、促进消化、防止便秘等功效。

＊菠菜酸奶糊

材料：菠菜叶 5 片，熟牛奶 1 大匙，酸奶 1 小匙

做法：

1 将菠菜叶加水煮烂，过滤（留菜）并磨碎。

2 将熟牛奶与酸奶混合并搅匀，加入碎菠菜搅拌均匀即可。

功效解析：菠菜中含有大量的抗氧化剂如维生素 E 和硒元素，能促进细胞增殖，激活大脑功能。酸奶中的酪氨酸是一种保护大脑功能的物质。

✻ 鲜奶南瓜汤

材料：南瓜 200 克，鲜奶 1 杯

做法：

1 将南瓜去皮，洗净后切片，放入锅屉内，加适量水，蒸熟取出。

2 稍凉时倒入果汁机，加鲜奶打匀。

3 倒入锅内用小火煮沸即可熄火，盛出食用。

功效解析：南瓜含有丰富的维生素 A，多吃可预防感冒。

✻ 骨汤面

材料：猪骨头 200 克，龙须面 50 克，青菜 50 克，米醋和精盐各少许

做法：

1 将猪骨头砸碎，放入冷水中用中火熬煮，煮沸后加入少许米醋，继续煮 30 分钟。

2 将骨弃去，取清汤，将龙须面下入骨汤中，将洗净、切碎的青菜加入汤中煮至面熟烂，加少许盐调味即可。

功效解析：此面含钙丰富，能

有效预防小儿佝偻病。而且猪骨头中的脂肪可促进胡萝卜素的吸收。胡萝卜素能促进宝宝进生长发育，维持和增强免疫功能。

✻ 菜花虾末

材料：虾 10 克，菜花 30 克，酱油和盐各少许

做法：

1 菜花洗净，放入开水中煮透后切碎。

2 将虾放入开水中煮后剥去皮，切碎，加入酱油、盐少许，使其具有淡咸味，倒在菜花上即可。

功效解析：菜花含丰富维生素 C、维生素 E 及胡萝卜素等；虾含丰富的蛋白质、不饱和脂肪酸、钙、维生素 A、B 族维生素等。以上都是健脑的重要营养素，可提高智力。

✻ 三色肝末

材料：猪肝 (或牛、羊肝)25 克，胡萝卜、番茄、菠菜叶各 10 克，盐 2 克，肉汤适量，洋葱少许

做法：

1 将猪肝洗净，去筋膜，切细末。

2 将洋葱去外衣，切细末；胡萝卜、菠菜洗净，切碎；

番茄入沸水中略烫，捞出去皮，切碎。

3 上述各料一起放入肉汤中煮沸，加少许盐拌匀即可。

功效解析： 富含优质蛋白质、钙、磷、铁及维生素 A、维生素 B_1、维生素 B_2、维生素 B_{12}、维生素 C 和胡萝卜素、纤维素，可以补充营养、预防贫血。

＊肉蛋豆腐粥

材料： 粳米 30 克，猪瘦肉 25 克，豆腐 15 克，蛋黄 1/2 个，盐少许

做法：

1 将猪瘦肉洗净，剁成末；豆腐压碎；将蛋黄磕入碗里，打散。

2 将粳米洗净，加入适量清水，小火煨至八成熟时下肉末，继续煮至粥成肉熟。

3 将豆腐、蛋液倒入肉粥中，旺火煮至蛋熟，加入盐调味即可。

功效解析： 蛋白质、脂肪、碳水化合物比例搭配适宜，还富含锌、铁、钠、钾、钙和维生素 A、B 族维生素、维生素 D，保障宝宝健康发育。

宝宝夏日护肤策略

晒不黑，不黏腻

随着天气转暖，终于可以带着宝宝好好外出度个假，受气候变迁影响，夏日里紫外线指数居高不下，为不让阳光成为温暖形象之外的皮肤杀手，妈妈们万全的准备可不能少！

防晒篇

夏日是最适合外出走走的季节，从每日外出散步到有计划的出门旅行，都是可以让宝贝消耗体力并观察大自然的好活动，感官的刺激对这个时期的孩子来说相当重要，因此爸爸妈妈有机会一定要带孩子外出走走，补充维生素D。

外出对孩子来说是相当重要的，并能帮助身体健康发展，但夏日的阳光灼热，且蚊虫较多，对于敏感的宝宝皮肤来说无疑会有许多刺激。美国小儿科医学会于2011年2月发出6个月以下的宝宝外出时应使用外衣及太阳眼镜，尽量避免接受太阳直射的建议，也建议尽量避免在上午10点到下午4点之间出门。防晒从幼年做起，才能有效地避免皮肤癌，不会在40岁以后皮肤提早老化！

☀ 对阳光过敏的宝贝

有些孩子在晒后会有过敏的现象，在皮肤上出现突起及斑块，有可能是罹患阳光性皮肤炎，这种皮肤过敏发生的年龄不定，有时要等到回家后才会开始过敏，家长不易察觉，建议当发现可能有皮肤晒后过敏的现象时，尽快咨询医师，家长也应为每个宝宝做好防晒的工作。

＊多晒老得快

当皮肤暴晒在阳光下时，阳光中的UVA（波长320~400nm）会造成真皮层破坏萎缩而导致皮肤变黑及老化，UVB（波长280~320nm）则会使得皮肤有红肿及受伤的现象；当皮肤没有作好保护就直接暴晒在阳光下时，容易因阳光照射造成细胞变性、组织受到破坏而让皮肤晒伤甚至产生色素斑、皮肤癌，即便宝宝的皮肤柔嫩且生长快速，但家长仍必须注意别让孩子直接暴露在阳光底下。晒是会累积的，现在过度曝晒，40岁之后皮肤就会快速老化，别等孩子大了再来抱怨自己的黑斑、皱纹甚至是皮肤癌，除了不要直接在户外阳光下暴晒超过

15分钟之外，家中的卤素灯与补蚊灯也同样有紫外线辐射，因此就算待在家中，仍有机会因窗边的阳光或是家中灯光而晒黑，若非常担心受到紫外线的侵袭，在家中也同样需要做好防晒工作，并记得每天清洗干净即可。

＊慎选防晒衣物

外在的防晒衣物是夏日必备的道具，例如戴帽子、推车的屏蔽、阳伞、护颈、袖套……都是很不错的选择，可作为防晒乳之外的加强。一般而言家长都会认为白色的衣服比黑色还要容易反射光源、也较不热，实际上经过实验发现，黑色的衣物防晒效果是比白色好的，但在挑选上应仍以

致密程度作为准则，衣服表面太多小洞让阳光透进，自然会失去其挡住紫外线的效果。现在市面上也有一些经过认证的UPF防晒衣物，衣服本身就具有防晒系数，若家长不喜欢在宝贝身上涂涂抹抹，又怕宝贝会晒伤晒黑的话，也可以试试此类产品！

＊防晒指数不是一切

认识防晒乳之前，首先要懂得阅读产品上众多数字的意义，才能买到最适合又划算的产品！在防晒乳瓶上所标示的"SPF"，代表的是使用此产品延长晒伤时间的倍数；以SPF30的产品为例，晒10分钟就会晒红的皮肤，使用产品后就能延长至30×10=300分钟。由于妈妈们带孩子出去玩时不太可能不断计算使用的时间，且晒伤时间会因阳光强度及场合而有所不同，因此选购防晒乳时并不应有"系数越高就越好"的思想，通常只要是婴幼儿专用、SFP指数30以上就非常适合了。另外挑选防晒乳应以清爽为主，防水、高系数的防晒产品擦起来比较闷，可能会引发汗疹，若是需要玩水的场合，则多擦几次即可。

防晒产品除了系数的差别，还分做物理性防晒及化学性防晒，物理性防晒顾名思义是利用二氧化钛等成分在皮肤上形成反光膜，以反射紫外线对皮肤的伤害；而化学性防晒则是将大部分紫外线吸收进成分当中，阻挡紫外线进入皮肤破坏组织。虽然物理性防晒较不会引起过敏，但相对于化学性防晒仍较油腻，市面上许多产品都混合了两种防晒方式，

使用挑选上仍以个人习惯为主；专家认为由于物理性的防晒较不刺激，会比较适合宝宝使用。

* 使用产品前作过敏测试

专家首先提醒，6个月以下的宝宝并不适合擦拭防晒乳，宝宝的皮肤尚未发展成熟，防晒乳中的化学成分可能会造成宝宝皮肤过敏或其他刺激反应。购买防晒乳之后，正式使用之前，爸爸妈妈仍需对产品进行过敏测试，使用过程中才不会让宝宝的皮肤产生不必要的负担；过敏测试是将一点儿防晒乳擦在宝宝皮肤较细嫩的地方，如颈部及手臂内侧，等

待2小时至一整晚观察皮肤是否有红肿现象，以判别此产品是否适合。正式使用防晒乳时应于指尖挤出一球，涂抹全脸，并重复动作3次（也就是在脸上涂3层），才算是足够可以抵挡阳光的用量。即使已彻底涂抹，防晒乳在皮肤上的效果也会随时间消逝，应2~3个小时后再补擦1次，以维持防晒乳的效果。

防晒产品不需要特别卸除，由于孩子本身不太会使用高系数、防水的产品，在活动后防晒乳随着汗水与空气慢慢稀释，因此使用一般清洁用品清洗即可，若感觉洗不干净就多洗几次，通常就足够了。

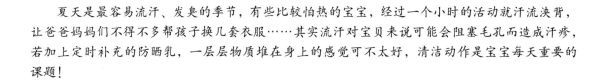

清洁篇

夏天是最容易流汗、发臭的季节，有些比较怕热的宝宝，经过一个小时的活动就汗流浃背，让爸爸妈妈们不得不多帮孩子换几套衣服……其实流汗对宝贝来说可能会阻塞毛孔而造成汗疹，若加上定时补充的防晒乳，一层层物质堆在身上的感觉可不太好，清洁动作是宝宝每天重要的课题！

* 夏天可以多洗一点儿

若是时间及环境许可且每一次洗澡不过度清洁（洗太久或使用太强的清洁用品），宝宝在夏日一天洗2~3次澡是没

有问题的！每日洗澡的时间可在活动过后或睡前，作为睡眠仪式的一部分，但要注意使用较温和的清洁用品，并使用舒服的温水很快冲洗干净，宝宝

将会觉得非常舒服。当人在户外或是当下不适合马上洗澡，爸爸妈妈可用冷毛巾擦澡的方式为宝贝清洁皮肤，仔细擦拭容易出汗的脖子、腋下、胯下

及脚底，不过擦澡的效果仍不如直接洗澡好，任何快速冲冲凉水的洗澡，比起擦澡都有较强的舒适度。

有些新手爸爸、妈妈因担心宝宝在洗澡时感到闷热，便紧闭门窗只让外头凉凉的冷气送进浴室，其实这样更容易让宝贝受到风寒！洗澡时由于水温较温暖使得毛细孔张开，冷气24℃~25℃的温度可是会让宝宝感冒的，建议还是将门窗打开通风，并用宝宝可以接受的凉水来洗澡就可以了。

＊清洁 Q&A

Q1 前阵子曾有以酵素入浴洗澡导致宝宝皮肤红肿痒的案例，使用酵素是否有需要注意的地方呢？

酵素泡澡主要是代谢角质的作用，但婴儿的皮肤本身就比较滑嫩，长期使用容易产生过敏及感染，因此医生不建议爸爸妈妈天天使用酵素为孩子洗澡；若使用酵素洗澡后发现有红肿的现象，建议爸爸妈妈使用镇静消炎的天然成分保养品（例如芦荟凝胶及薄荷）先擦于患部，看是否能缓解症状，若症状更严重时则必须就医。

Q2 市面上产品众多，如何选择适合自己宝贝的清洁产品？

其实1岁以下的孩子皮肤娇嫩，又不常出门，因此用清水洗澡就已经足够了，而皂碱类的清洁用品也不太适合幼儿使用。替宝宝挑选清洁用品就如同大人挑选沐浴乳或洗发乳一样，只要自己用得舒服，有一点儿香香的味道都是可以被接受的；建议用沐浴乳洗澡，使用肥皂洗澡还要先将肥皂打湿成肥皂水，其实是比较浪费时间的。

Q3 什么时候开始需要分别使用洗头及洗澡的产品呢？

只要是可以冲洗干净的产品，皆含有活性剂，都可以一起使用在洗头及洗澡上面。当头发已经长到可以抓握起来、发量密度够，就可以开始使用婴儿专用洗发的产品，并且不要用太热的水冲洗，以免造成头皮发痒、汗疹甚至臭头的现象。

别以为夏天到了就不必保养，保湿的工作将减少宝宝晒后不舒服的情况，保持宝宝的好肤质。

＊勤保湿，防脱皮

夏日的保养重点，仍在晒后的护理与保湿，宝宝经过太阳暴晒后的皮肤，最显而易见的症状就是红肿粗糙，因此在长时间暴晒在阳光下之后，即使有擦防晒产品，也没有红肿，都可以先进行降温及擦拭身体让毛孔舒畅，或使用晒后保养产品，再抹上乳液滋润肌肤以

避免脱皮；爸爸妈妈可随手携带温泉喷雾，当皮肤一有不舒服时就赶紧喷上，并顺手轻轻地擦匀，如果还要继续待在阳光下，则可直接再次抹上防晒乳。如果宝宝的皮肤天生就容易泛红瘙痒，那么在擦防晒乳之前，一定要先抹上滋润性的乳霜，保持皮肤含水量，否则数小时后，必定会脱皮刺痒。爸爸妈妈可使用芦荟凝胶帮助皮肤舒缓，没有太多添加物的芦荟凝胶，将会使得宝贝的皮肤感到非常舒服！

＊对抗蚊虫叮咬很简单

夏日另一个让爸爸妈妈闻之色变的，莫过于四处可见的蚊虫了，因此预防工作不可少，出门前一定要在衣服上喷洒防蚊液，先抵抗蚊虫的攻击；若不幸碰到毛毛虫、蜘蛛等容易造成过敏的元凶，建议先帮宝宝作冷敷，或是涂抹干草萃取物，替宝贝止痒，才不会因为抓破而造成更严重的感染。专

家也提供了一个夏日止痒小窍门——冰毛巾，出门的前一晚先将毛巾弄湿，拧半干之后，就用保鲜膜包住并置入冰箱的冷冻柜，隔天拿出来将像棒冰一样硬硬的毛巾放在保温袋中带在身上，宝宝玩耍后晒红或被蚊虫叮咬时，尽快拿出来冷敷在患部，将可以非常有效止痒，担心宝宝在夏日东肿一块西肿一块的爸爸妈妈不妨试试。

夏天是最适合宝贝外出探险的季节，不像冬天易见的干燥症状，夏日晒伤及蚊虫叮咬是一点一滴累积起来的，爸爸妈妈可千万要记得先替宝宝的皮肤做好安全防护工作，才能玩得开心又没有负担！当宝贝的皮肤状况已经影响睡眠时，一定要尽快带去看医生，由医生指导正确的治疗方式，才能避免更严重的状况发生！

第 4 章

彻底断奶关键期
（10～12个月）

宝宝要开始断奶了，主食开始逐渐代替辅食，妈妈要注意宝宝食物的多样化，还要培养宝宝良好的饮食习惯，防止宝宝偏食、挑食。

这个时候宝宝开始摇摇晃晃地试着走路，需要注意在宝宝饮食中多添加能够帮助骨骼发育和牙齿生长的食物，如牛肉、虾皮、牛奶等含钙和碳水化合物丰富的饮食。

❧ 10~12 个月宝宝营养新知快递 ❧

＊宝宝一日饮食安排

早上喂食 1 次母乳或母乳＋配方奶，约 200 毫升。上午添加 1 次辅食，如菜泥、果泥、鸡蛋羹、馒头片等，每次 150 克左右。中午喂食母乳或母乳＋配方奶 200 毫升左右。下午添加 1 次辅食。晚上喂食母乳或母乳＋配方奶约 200 毫升。

此外，每天给宝宝喂食 1 次适量鱼肝油，并保证饮用适量白开水。

断奶的最佳月龄

随着宝宝逐渐长大，断奶也是必然的事。只是，断奶不像说说那么简单，几个月断奶最好？什么季节断奶最适宜？关于断奶，你准备好了吗？

宝宝自从 4 个月开始添加辅食，随着年龄增大，品种也逐渐地增加，一般 6~7 个月就可以吃稀饭或面条，先从每天 1 次加起渐增至 2~3 次。随着辅食的增加，你可以相应地减去 1~3 次母乳，到 10~12 个月基本准备充分就可以断奶了。当然时间不一，最佳的断奶时间是宝宝 10~12 个月的时候，最迟不要超过 2 岁。

断奶的最佳季节

随着宝宝长大，母乳的营养成分和量已经满足不了宝宝生长发育的需要。随着宝宝咀嚼、消化功能的成熟，妈妈们就要及时让宝宝断奶了。

断奶的最佳时间应选择在春、秋季节。如果按时间推算，宝宝的断奶时间正好赶在夏季的话，可以适当往后推一两个月。另外，宝宝的身体出现不适时，断奶时间也应当适当延后。

如果这个时间宝宝生病了，妈妈可以适当把断奶的时间延后。

如何给宝宝断奶

最好的断奶过程应该是温柔的，循序渐进和充满爱的。

＊慢慢延长哺乳的间隔时间

妈妈要掌握循序渐进的方法，先考虑取消宝宝最不重要的那一顿母乳。如果你拿着奶瓶喂他，他不肯接受的话（他一定是因为能闻到你的气息，知道"他的"乳房就在附近），可以尝试由爸爸或者奶奶来喂他。最好是每隔一段时间取消一顿母乳，代之以奶瓶。这"一段时间"可能是几天，也可能需要几个星期。如果你觉得乳房胀得难受，可以适当挤掉一些。注意：只是挤出来一部分，而不是完全挤空。这样可以给你的身体传递一个信号，逐渐减少母乳的"产出"。

＊改变宝宝吃奶的习惯

宝宝会有习惯性的吃奶需求，这种吃奶习惯可以先移除。例如，宝宝早上起床习惯吃母乳，中午必须吃完母乳再睡觉。那么妈妈可以改变自己，让宝宝无法维持这些习惯。例如妈妈可以比宝宝更早起床，让宝宝无法直接在床上吃奶；中午可能是让宝宝边吃边睡，可以改成让宝宝到公园去玩耍，玩累了就回家睡觉，总之就是尽量让宝宝不要处在会让他想吃母乳的情境。对晚上睡觉前习惯吃过母乳再睡觉的宝宝来说，吃母乳代表他与妈妈之间的亲密，吃母乳也可以让宝宝停止哭泣，具有安抚的效果，因此，这一餐，可以放到最后。

＊让宝宝不容易吃到母乳

例如妈妈可穿上比较紧身的衣服，那么宝宝不容易随意掀开衣服吃母乳。

千万不要让宝宝有被遗弃或妈妈排斥他的感觉，也不要在乳头上涂刺激物质让宝宝不敢吃奶，这样不仅可能对宝宝造成伤害，有些宝宝反而更不愿意断奶。

断奶越果断越好吗

母乳喂养的宝宝，10~12个月是最适宜的断奶时期，如果在增加辅食的条件下仍保留1~2次母乳直到1岁半也是可以的。关键问题不在于硬性规定什么时候一定要断奶，而主要在于及早地、按时地去增加断奶食物即辅食，一方面让宝宝能得到充分的营养来满足宝宝生长发育的需要，另一方面让宝宝慢慢地习惯辅食，逐渐地自己就断奶了，即所谓的自然断奶。

断奶末期怎么喂宝宝

宝宝10个月时就进入了断乳末期。这个阶段可以把哺乳次数进一步降低为不少于两次，让宝宝进食更丰富的食品，以利于各种营养元素的摄入。可以让宝宝尝试软饭和各种绿叶蔬菜，既增加营养又锻炼咀嚼能力，同时仍要注意微量元素的添加。尝试正式断乳，如果错过了这一时期，宝宝就会依恋母乳的味道，使断乳变得更加困难。除了味道之外，宝宝还会领悟到吸吮母乳比咀嚼食物容易得多，因此更离不开母乳。

给宝宝做饭时多采用蒸煮的方法，比炸、炒的方式保留更多的营养元素，口感也较松软，同时，还保留了更多食物原来的色彩，能有效地激发宝宝的食欲。

宝宝断奶后的营养保证

宝宝断母乳后，其食物构成就要发生变化，要注意科学喂养。

选择食物要得当，食物的营养应全面和充分，除了瘦肉、蛋、鱼、豆浆外，还要有蔬菜和水果。断奶初期最好要保证每天加一定量的配方奶。食品应变换花样，巧妙搭配。

烹调要合适，要求食物色香味俱全，易于消化，以便满足宝宝的营养需求，适应宝宝的消化能力，并引起食欲。

添加辅食要循序渐进，即由稀到干、由细到粗、由少到多。由少到多含有两层意思，其一是品种由少到多，其二是食物量由少到多。

注意饮食卫生，食物应清洁、新鲜、卫生、冷热适宜。

断奶有适应期，有些宝宝断奶后可能很不适应，因而喂食要有耐心，让宝宝慢慢地咀嚼。

怎样向幼儿的哺喂方式过渡

11个月的宝宝普遍已长出了上下切牙，能咬下较硬的食物。相应的，这个阶段的哺喂也要逐步向幼儿方式过渡，餐数适当减少，每餐量增加，除喝牛奶外，还应添加含碳水化合物、脂肪、蛋白质较为丰富的食物，如肉、鱼、鸡蛋、各种绿叶蔬菜等。

宝宝断奶了，拒绝奶粉怎么办

这种时候比较有效的方法有3个：

＊ 换奶嘴

通常母乳喂养的宝宝不肯吃奶粉，主要是对奶嘴不适应，你可以给宝宝用那种十字形NUK的自动进气仿真奶嘴，开始的时候可以用乳胶的，这种奶嘴的形状比较接近妈妈乳头在婴儿口腔中的形状（扁状），符合婴儿的口腔。乳胶的比较柔软，接近乳头的口感，十字形的流量比较快，接近吸食乳头的感觉，这种奶嘴有进气口，吸吮乳头时不用停下来换气，你可以给宝宝多试试。

还有一点就是奶嘴压到宝宝的舌头了，宝宝很不舒服，一般奶瓶和宝宝的嘴巴大概成45°角就可以了。

＊换奶粉

每个宝宝喜欢的口味不同，你可以多试几种奶粉。还有就是冲泡奶粉的温度，一定要接近体温，宝宝吃母乳已经适应37℃的温度，如果比较热，

宝宝也会拒绝。

＊饿

这个时期的宝宝光吃馒头喝粥营养跟不上，所以长痛不如短痛，该饿的时候也一定要饿。

为什么不要嚼饭喂宝宝

婴儿到10个月后，可吃的食物品种多了，但是婴儿的

牙齿还没有几颗，父母既想给宝宝吃，又怕宝宝没能力去吃，于是把饭菜经自己的口嚼碎后再喂给宝宝。这是一种既不卫生，又不文雅的方法。

成人的口腔中常有一些细

菌、病毒，往往会通过被咀嚼过的饭菜传给宝宝，宝宝的抵抗力差，对成人不致引起疾病的细菌、病毒却可以使宝宝患病。

另外，食物经嚼后，香味和部分营养成分已受损，留给宝宝的是一团烂糟糟的味道极差的食物，宝宝经常吃这种被咀嚼过的饭菜是会倒胃口的。嚼碎的食物，宝宝囫囵吞下去，未经自己的唾液充分搅拌，不仅食而不知其味，并且加重了胃肠负担，而使宝宝营养缺乏及消化功能紊乱。再说，也不利于小儿咀嚼肌和下巴骨的发育，影响宝宝口腔消化液分泌功能。所以不能把饭菜咀嚼后喂宝宝。

你可以花些时间单独为宝宝做些烂、碎的食物，让宝宝吃得既营养又卫生。

会走的宝宝喂饭难，怎么办

当宝宝会走以后，每次喂饭，都是你追在后面，小心翼翼地央求，宝宝则坚决不吃，每喂进一口，就仿佛是天大的胜利，一顿饭有时会喂上一两个小时。这是宝宝自我意识开始萌发，想自己动手吃饭、摆弄东西，到处试验自己的能力和体力的体现。你可以采取下面的方式来对付宝宝的这种行为：

* 培养好的饮食习惯

饭前1小时内不吃零食，平时零食不能吃得过多，热量不能过高；让宝宝养成定点吃饭的饮食习惯，固定餐桌和餐位；将宝宝的餐位放在最靠内侧的位置不方便宝宝进出。

* 进餐氛围要良好

要精心营造舒适的饮食环境，创造开心、轻松、愉快的进餐气氛来引起宝宝的食欲；要重视食物品种的多样化，饭菜花样经常更新，引起宝宝食欲；食物要软、易咀嚼、松脆，而不要干硬，应使宝宝吃起来方便；色彩鲜艳的食品更受宝宝的青睐；食物的温度以不冷不热为合适；饭前不要用激烈的言辞来训斥宝宝，若宝宝吃饭吵闹，应正确地引导宝宝养成良好的按时吃饭的习惯；不要强迫宝宝吃某种他不喜欢的食物，应多劝导，若能少量进食，应及时给予鼓励。

* 不要强迫宝宝进食

这个时期的宝宝的饮食有较明显的变化，个体差异也越来越明显。宝宝的食量因人而异，每餐饭究竟该吃多少食物，你要有正确的估计，而不是按你希望宝宝吃的量来强迫他吃。让他自己动手他会吃得更香。

＊尽量满足宝宝的愿望

让宝宝自己"吃"。正餐时，用安全的餐具盛上一点点饭，让宝宝自己拿勺吃（其实，宝宝不会自己盛饭，更不会把饭吃到口中）。趁宝宝不注意的时候，喂宝宝一勺饭，而宝宝呢，仿佛认为是自己吃到的食物，会感到很高兴。

为什么宝宝发烧时不要吃鸡蛋

宝宝发烧时，父母为了给虚弱的宝宝补充营养，使他尽快康复，就会让他吃一些营养丰富的饭菜，当然饮食中会增加鸡蛋数量。其实，这样做不仅不利于宝宝身体的康复，反而有损宝宝身体健康。

我们经常会有这样的感觉，饭后体温相对于饭前略有升高。这主要是由于食物在体内氧化分解时，除了食物本身放出热能外，食物还刺激人体产生一些额外的热量，这种作用在医学上叫做食物的特殊动力作用。人体所需的三种生热营养素的特殊动力作用是不同的，如脂肪可增加基础代谢的 $3\% \sim 4\%$，碳水化合物（糖）可增加 $5\% \sim 6\%$，蛋白质则高达 $15\% \sim 30\%$。

所以，发烧时食用大量富含蛋白质的鸡蛋，不但不能降低体温，反而使体内热量增加，促使宝宝的体温升高更多，不利于患儿早日康复。

正确护理方法是鼓励宝宝多饮温开水，多吃水果、蔬菜及含蛋白质低的食物，最好不吃鸡蛋。

如何给宝宝喂药

宝宝喜欢吃甜的东西，而对苦、辣、涩等味会表现出难以下咽。

1 喂药水时应首先摇匀；喂粉剂、片剂时，可将药用温开水调匀后再喂。

2 家长可以让宝宝看着自己先吃点药，并说"哎呀，真好吃"，"吃了药，病就好了"，宝宝慢慢地就会消除恐惧，变得爱吃药了。

3 喂药时最好抱起宝宝，取半卧位，防止药物呛入气管内。如果宝宝不愿吃，请扶住宝宝的头部，用拇指和食指轻轻地捏宝宝双颊，使宝宝的嘴张开，用小匙紧贴嘴角，压住舌面，药液就会慢慢地从舌边流入，直至宝宝吞咽药液后再把小匙从嘴边取走。

4 如果宝宝一直是又哭又闹，不肯吃药，只好采取灌药的方法。一人用手将宝宝的头固定，另一人左手轻捏住宝宝的下巴，右手拿一小匙，沿着宝宝的嘴角灌入，待其完全咽下后，固定的手才能放开。不要从嘴中间沿着舌头往里灌，因舌尖是味觉最敏感的地方，易拒绝下咽，哭闹时容易呛着，也不要捏着鼻子灌药，这样容易引起窒息。

给宝宝喂药时，如果宝宝开始作呕，就停下来，让他休息一会儿，安抚一下后再给他喂药。宝宝如果在服药后呕吐，就把他的头斜向一边，轻拍其背部。呕吐后把他的嘴洗干净，看看宝宝吐出来的药量有多少，问一下医生是否可以继续用这样的剂量给宝宝服。切忌给吃饱肚子的宝宝再喂什么药。

宝宝穿开裆裤好吗

传统习惯中，父母总是让宝宝穿着开裆裤，即使是寒冷的冬季，宝宝身上虽裹得严严

实实，但小屁股依然露在外面冻得通红。这样容易使宝宝受凉感冒，所以在冬季要给宝宝穿满裆的罩裤和满裆的棉裤，或穿带松紧带的毛裤。

另外，穿开裆裤还很不卫生。宝宝穿开裆裤坐在地上，地表上的灰尘、垃圾都可能粘在屁股上。此外，地上的小蚂蚁等昆虫或小的蠕虫也可能钻到外生殖器或肛门里，引起瘙痒，可能因此而造成感染。穿

开裆裤还会使宝宝在活动时不便，如玩滑梯时不容易滑下来，并且宝宝穿开裆裤摔、跌倒后容易受外伤。

穿开裆裤的另一大弊处是交叉感染蛲虫。蛲虫是生活在结肠内的一种寄生虫，在遇到温度变化时便会爬到肛门附近产卵，引起肛门瘙痒，宝宝因穿开裆裤便会情不自禁地用手直接抓抠。这样，手指甲里便会有虫卵，宝宝吸吮手指时通过手又吃进体内，重新感染；而且还会通过玩玩具、坐滑梯使其他小朋友受蛲虫感染。

注意宝宝的玩具卫生

玩具是宝宝日常生活中必不可少的好伙伴。但是，宝宝玩耍时常常喜欢把玩具放在地上，这样，玩具就很可能受到细菌、病毒和寄生虫的污染，成为传播疾病的"帮凶"。根据细菌学家的一次测定：把消过毒的玩具给宝宝玩 10 天以

后，塑料玩具上的细菌集落数可达 3000 多个，木制玩具上可达 5000 多个，而毛皮制作的玩具上竟多达 2 万多个。可见，玩具的卫生不可忽视，妈妈要定期对玩具进行清洗和消毒。

1 一般情况下，毛皮、棉布制作的玩具，可放在日光

下暴晒几小时；木制玩具，可用煮沸的肥皂水烫洗；铁皮制作的玩具，可先用肥皂水擦洗，再放在日光下暴晒；塑料和橡胶玩具，可用市场上常见的 84 消毒液浸泡洗涤，然后用水冲洗、晒干。

2 防止宝宝用口直接咬嚼未经消毒的玩具。

3 摆弄玩具时，不要让宝宝揉眼睛，更不能用手抓东西吃，或边吃边玩。

4 宝宝玩过玩具后，要及时洗手。

如何让宝宝自己坐便盆解大小便

9 个多月的宝宝已经坐得很稳了，妈妈可以开始让宝宝自己坐便盆解大小便。

训练宝宝的排便习惯是有讲究的，排小便的习惯应从 2~3 个月开始，先减少夜间的喂哺次数，从而减少宝宝夜间的排尿次数。每天在宝宝睡觉前后或吃奶后给宝宝把尿，通过循序渐进的把尿训练，宝宝能将排尿的时间、姿势、声音有机地联系起来，形成排尿的条件反射，直至坐便盆自解小便。

宝宝坐的小便盆，最好选用塑料制品，且盆边要宽而光滑。因为这种便盆不论是夏天还是冬天都适用（搪瓷便盆夏天尚可，到了冬天很凉，宝宝不愿意坐）。

宝宝坐便盆大便时，父母不能让宝宝吃东西，也不能逗他玩耍，应该注意观察宝宝的面部表情。如果宝宝排便前使劲发呆、眼睛瞪大、定睛凝视，父母应该以"嗯……"的声音给宝宝加把劲，用声音刺激助他排便。

宝宝坐便盆解大小便的时间每次以 3~5 分钟为宜。

*奶油烤鳕鱼

材料：鳕鱼 1 小片，红萝卜 10 克，洋葱 10 克，无盐奶油 1 小匙，盐少许，米酒 1 小匙

做法：

1 鳕鱼洗净后，将水分吸干放置烤盘上。

2 洋葱和红萝卜洗净沥干，切末备用。

3 将洋葱与红萝卜混合拌匀与其他调味料一起铺在鳕鱼身上，再放入已预热的烤箱中，烤约 15 分钟即可。

*菠萝炒虾仁

材料：虾仁 3 个，菠萝 20 克，甜椒 10 克，糖 1/2 小匙，香油 1/2 小匙，油适量、盐、蒜头少许

做法：

1 虾仁洗净沥干，划背去肠泥，甜椒切成与虾仁一样大小，两者一起放入滚水中快速氽烫捞起备用。

2 菠萝切小片；蒜头洗净备用。

3 起油锅，放入蒜头爆香，再加入虾仁、菠萝和所有的材料翻炒均匀即可。

＊夏威夷比萨

材料：厚片土司1片，菠萝20克，火腿1/2片，青椒10克，起司丝1汤匙

做法：

1 菠萝切小块；火腿及青椒切丝。

2 土司片上铺菠萝、火腿、青椒，撒些起司丝，放入200℃的烤箱中烤至起司丝溶解微黄即可。

＊玉米烤饭

材料：白饭80克，芝麻2克，起司粉与柴鱼片少许，青椒5克，玉米10克，番茄10克

做法：

1 将白饭与芝麻拌匀，分成2个小饭团，压平后备用。

2 青椒、番茄氽烫切成末；柴鱼片研碎。

3 平底锅擦一层油再将白饭放入锅中略煎，放入做法2材料与玉米、起司粉，盖上锅盖等起司粉溶解即可。

＊玉米花椰菜

材料：玉米粒15克，白花椰菜30克，配方奶30毫升

做法：

1 白花椰菜分成小朵，氽烫后切成容易入口的大小块。

2 将花椰菜放入小锅中，加入玉米粒与配方奶略煮一下即可。

＊羊肉面疙瘩

材料：中筋面粉50克，水60毫升，蛋1/2个，羊肉丝15克，干香菇2克，油5克，小白菜20克，盐适量，高汤、酱油适量

做法：

1 将面粉、水、蛋混合均匀成糊状。

2 锅中煮沸清水，将调好的面糊用汤匙拨入滚水中，煮熟捞起。

3 干香菇用水泡软切丝；羊肉丝用少许酱油拌匀腌一下；小白菜切小段。

4 起油锅爆香香菇，再放入肉丝拌炒，加入高汤煮滚，再放面疙瘩，最后加入小白菜、盐调味即可。

＊三色元宝

材料：三色水饺皮3张，豆干25克，瓠瓜80克，虾皮1/3汤匙，盐适量，油5克

做法：

1 豆干切成丝；瓠瓜去皮也刨成丝。

2 锅中油热，将虾皮炒香，再炒豆干，最后放入瓠瓜一起炒，加盐调味。

3 水饺皮包入炒好的馅，放入滚水中煮熟即可。

＊番茄羊肉炖饭

材料：菠菜叶10克，番茄15克，羊绞肉10克，白饭80克

做法：

1 菠菜叶汆烫过切成末；番茄切小块；羊绞肉再切细一点后汆烫备用。

2 将饭放入小锅中，加一碗水与羊肉、番茄一起煮烂，最后加入菠菜末拌匀后即可。

❀ 宝宝每日摄取充足而均衡吗 ❀

在宝宝每个成长阶段中提供广泛而多元的食物，就可以供给他均衡而充足的营养，帮助宝宝长得健健康康！

以下由专业营养师提供给宝宝的营养建议，将人体所需的五大营养素分成三大营养素篇、矿物质篇和维生素篇分别来讨论，内容中特别提出的营养成分都是妈妈应该让宝宝充分摄取的！

三大营养素篇

✳ 蛋白质

蛋白质是构成人体的主要原料，是制造细胞和神经传递物质的重要元素之一，能帮助脑部发展。一般来说，1 岁以内的宝宝每日、每千克体重，需供给的蛋白质是 1.7~2.5 克。

当宝宝膳食中奶、肉、蛋、豆制品长时间供给不足时，宝宝会有蛋白质缺乏表现：容易出现疲乏、消瘦、水肿等症状；而长期严重缺乏蛋白质的宝宝，则会出现生长迟缓、抵抗力下降、反复发生上呼吸道感染等严重症状。

饮食来源

以 1 岁宝宝为例的食物建议摄取量来看，蛋白质需求为 1~2 杯母奶或配方奶、1 个蛋黄泥、1/3 块豆腐等豆类制品（1 块豆腐为 4 个方格）、鱼或肉泥 50 克等。

小提醒

营养师提醒，蛋白质并非多多益善，若长期超量摄取也会给宝宝的健康带来损害，容易产生肝肾功能负担，蛋、肉等蛋白质过多时，未消化的蛋白质在肠道细菌的作用下，会产生有毒产物，导致肝肾功能障碍或发育不全。因此，摄取蛋白质上建议足量即可，勿贪多。

✳ 脂肪

一般而言，脂肪酸因构成方式的不同，分为饱和脂肪酸和不饱和脂肪酸。如果油脂中含不饱和脂肪酸越多，室温下会呈液态状；反之，若含饱和脂肪酸越多，则为固体状。其中，部分的不饱和脂肪酸通常为必需脂肪酸，而必需脂肪酸为人体所需，但是无法合成或合成量不足的脂肪酸，要从食物中获取，否则会造成缺乏症。此外，脂肪是热量的来源之一，在供给人体能量方面有很重要的作用。

饮食来源

脂肪的来源多以植物油脂为主，如种子类、坚果类等；或者是动物脂肪来源，如肉类、鱼类等。

小提醒

油脂的主要功能有：提供生长及维持皮肤健康所必需的必需脂肪酸，帮助脂溶性维生素（A、D、E、K）被人体吸收利用，脂肪中的多元不饱和脂肪酸是构成细胞膜的成分之一及神经髓鞘的主要元素。磷

脂质制造细胞膜，有助于增强记忆力和集中力，黄豆及其制品如豆腐及豆浆、植物油及果仁等均蕴涵丰富的磷脂质。

当身体中有多余的热量时就会以脂肪的形态贮藏。身体内的脂肪可以维持体温，保护内脏不受到撞击伤害。对小宝宝而言，身体组织的发育、激素的制造、脑部的成长，都需要脂肪的帮助。

＊碳水化合物

碳水化合物，亦称糖类，可为人体提供能量；此外，此为供给胎儿和母体的基本能源，碳水化合物在体内消化后主要以葡萄糖形式被吸收，迅速氧化给机体供能。

碳水化合物是人体最重要、最经济、来源最广泛的能量营养素，与蛋白质和脂肪共同构成人体的能量来源。成人所需总能量的 58%～68% 来自碳水化合物，儿童则在 40% 以上。

饮食来源

食物如米、面粉中的碳水化合物经消化降解为单糖后随即被人体吸收，在代谢过程中释放出人体所需的能量；像饭、面包、全谷根茎类、面条和早餐谷片中的碳水化合物含量都很丰富，宝宝可由米麸类饮食着手，随着年龄的增长再逐渐加入其他的谷类，以增添变化和营养。另外，足量的 B 族维生素是不可或缺的，因此在增加糖类摄取时，同时需要增加 B 族维生素的摄取量。

还有像是全谷类（如糙米和全麦面包），比起白米和白面包等精致谷类制品的养分更丰富；但不要过度在宝宝的正餐和点心中添加过多的高纤食物，如麸皮、小麦胚芽等，以防造成纤维超载。太多的纤维在宝宝的肚子中膨胀，会使宝宝腹胀感以至于无食欲，无法获得足够的养分。

小提醒

糖类在体内与蛋白质结合构成糖蛋白，借此参与体内多种生理功能活动；核糖及脱氧核糖又是构成核酸的重要成分，与生命活动直接关联。因此，糖类在维护脑、肝、心等脏器功能方面有重要作用。

大脑消耗相当于人体 1/4～1/5 总基础代谢的能量，而葡萄糖则是快速直接提供能量的首要能源。

* 钙质

6 个月以下的婴儿每天应摄入 400 毫克的钙，7~12 个月的孩子应摄入 500 毫克，1~3 岁应摄入 600 毫克，4~10 岁应摄入 800 毫克。因此，从宝宝出生后 2 周起，就应该开始补充足量的钙质，对 1~4 岁的孩子而言，每天能喝 400 毫升的牛奶且其他饮食也是很好的补充来源，就不用额外补充钙剂了。

而钙质也是人体含量最多的无机元素，可参与神经、骨骼、肌肉的代谢，还是骨骼、牙齿的重要组成成分。

饮食来源

奶和奶制品——补钙的最佳食品，不仅含钙量多，而且吸收率高。除了钙以外，奶类还含有孩子生长所必需的蛋白质、脂肪、碳水化合物及维生素等，因此是宝宝最佳的营养来源。

宝宝的饮食上也可多添加牛奶及其制品 (如奶酪、优格等)、海带、黄豆及其制品，如豆腐、豆浆、腐皮、奶制品、黑芝麻、鱼虾类的食材，均是不错的钙质来源。

小提醒

钙质的吸收需要维生素 D 的帮助。维生素 D 可促进肠道中钙的吸收，并减少肾脏中钙的排出，所以补钙的同时也要补充维生素 D 才算完整，但一般婴儿配方奶粉已有足够的钙及维生素 D，如果有均衡饮食，其实不用补充过量的钙粉。

* 铁

0~6 个月的婴儿需 7 毫克铁。6 个月以上的婴儿每天即应摄入 10 毫克铁。

此外，此营养素是人体必需的微量元素之一，也是人体生成红细胞的主要元素；怀孕的妈妈缺铁会出现贫血症状，使胎儿发育迟缓或产生子宫内缺氧等现象。

饮食来源

铁质主要来自肉类，肉类包括禽、畜、鱼贝等动物之肌肉蛋白质，其消化分解之小分子产物可以与铁形成可溶性物质以增加铁的溶解度而促进吸收。在植物性食物中，蔬菜、海带、樱桃、发酵黄豆制品也

有促进铁吸收的功效。黑木耳、芝麻酱和桂圆的含铁量较丰富。葡萄、核桃类等含铁的食物除了可帮助预防贫血，也和大脑的正常运作相关，摄取足够铁质可帮助宝宝的专注力与学习能力的提高。

小提醒

在补铁的同时亦要注意补充维生素C，因富含维生素C的食品可帮助铁的吸收。在日常食物中，血红素铁主要存在于肉类食品中，故动物和植物性食品混合食用可增加铁的吸收。

＊锌

孩子每天锌的推荐摄入量为：1岁是5毫克，1岁以上的孩子每天应摄入10毫克。

此外，锌为身体组织及体液的必需元素，也是胎儿中枢神经系统发育的重要营养素，对于宝宝的免疫功能、蛋白质合成、脂肪运送和生长发育，可以说是一项不可或缺的营养素。锌也可促进儿童发育及提高智力，和脑部发展及记忆相关。另外锌也可减少呼吸道及腹泻的感染，即使感染之后，也会因酌量摄取锌而缩短复原的时间。

饮食来源

日常膳食多数也都含有锌的成分，而其中牡蛎、螃蟹、瘦牛肉、羊肉、鸡肉、植物的种子（葵花子、麦胚、各类坚果）等都是含锌量多的食物；

但宝宝3岁前不适合吃带壳海鲜，故爸爸妈妈烹调时还是要注意宝宝对锌的有效摄取。

小提醒

锌缺乏的临床症状包括：生长迟滞、生殖功能发育迟滞、生殖腺机能不足、皮肤发炎、免疫力低下、认知与行为异常、味觉迟钝、伤口愈合缓慢、食欲缺乏等。

＊碘

促进生长发育及大脑功能，幼儿每日碘的建议摄取量为65微克，4~6岁的儿童需要90微克。

饮食来源

主要来源有海菜、海带、紫菜、海藻类、虾皮、海鱼、鱼松等海产品及碘化盐。

小提醒

宝宝身体成长、发育、运作需要甲状腺素，尤其在胎儿和产后初期的大脑发育阶段，而碘是甲状腺素的重要成分，缺碘的症状包括心智障碍、甲状腺机能不足、甲状腺肿大、短小性痴呆症以及程度不等的生长与发育异常。

＊维生素 A

脂溶性维生素的一种，对于视觉细胞分化和胚胎发育都是必需的，也可帮助视力发育，促进宝宝成长和预防皮肤干燥，加强抵抗细菌传染等。幼儿所需的维生素 A 摄取量约为 400 微克。

因脂溶性维生素会蓄积体内，若食用过量会引起中毒现象，也会引起皮肤发炎等状况。

动物肝脏、蛋黄与奶油为富含维生素 A 之食物；深绿色与深橙黄色蔬菜水果，如哈密瓜、木瓜、胡萝卜、南瓜为富含维生素 A 的食物。此外，豆类、谷类或肉类中不含维生素 A 或含量很低。

＊维生素 D

饮食中钙、磷足够时，维生素 D 能促进十二指肠吸收饮食中的钙，维持正常血清钙磷浓度于正常范围，同时对肌肉收缩、神经传导等功能的维持也有重要作用。维生素 D 可通过日光照射皮肤、晒太阳获得。建议 1 岁以下的宝宝每天至少摄取 10 微克；1 岁以上每天至少摄取 5 微克。

天然界含维生素 D 的食物种类不多，来源如鱼肝油、高油脂鱼类、肝脏、海鲜类、营养强化牛奶、奶油、牛肉、蛋黄等食材里。

＊维生素 E

为脂溶性抗氧化维生素，可降低体内氧化压力，减轻疲劳。维生素 E 可抗凝血，抗细胞老化，也可保护细胞不受自由基侵害，强化免疫系统。另外，维生素 E 对维持生殖系统正常功能有很重要的作用。

此成分多存在于植物油（小麦胚芽油、红花油、葵花油、大豆油、玉米油、芥花油）、五谷杂粮、豆腐、地瓜、胡萝卜、花生、芝麻、乳制品、瘦肉、蛋，肝脏中含量也相当丰富。

＊维生素 C

维生素 C 最主要是参与动物体内一些羟化反应。维生素 C 也是构成胶原蛋白的要素，所以它可以促进伤口愈合、烧伤复原及增加对受伤及感染等的抵御能力。此外，它还可将 Fe^{3+} 还原为较易吸收的 Fe^{2+}，加速铁透过小肠黏膜而被吸收。在抗氧化功能上维生素 C 所扮演的角色，为保护维生素 A、E 及多元不饱和脂肪酸，避免其受到氧化。此外，可以帮助清除生物体中许多种的活性氧。1~3 岁幼儿维生素 C 的建议摄取量为 40mg、4~6 岁为 50mg。婴儿期缺乏维生素 C，容易造成坏血症、婴幼儿生长迟缓等病症。

维生素 C 摄取量大多来自蔬菜与水果。水果中以番石榴的含量最丰富，枸橼属水果，如柳橙、橘子、葡萄柚、柚子、文旦、柠檬均含有相当丰富的维生素 C，另外如奇异果、草莓、菠萝亦含量相当高。此外，绿色蔬菜也富含有维生素 C，以青椒含量最丰富。

＊维生素 B₁

维生素 B₁ 又称为硫胺素，为第一个被发现的 B 族维生素。1~3 岁的幼儿每日维生素 B₁ 的建议摄取量为 0.6 毫克，4~6 岁的幼儿需 0.7~0.8 毫克。

饮食来源

主要食物来源以全谷类及小麦胚芽含量最丰富。另外，动物肝脏、豆浆、营养强化早餐谷片、豌豆、菠菜、玉米、柳橙、豆类、花生、葵花子、酵母以及牛奶等都是维生素 B₁ 的主要食物来源。

＊维生素 B₂

维生素 B₂ 为体内重要的辅酶成分，它是蛋白质、糖类及脂质代谢产生热量过程中所必需的，有助于脂肪代谢，促进生长和细胞再生，维持正常的成长与发育。1~3 岁的幼儿每日维生素 B₂ 的建议摄取量为 0.7 毫克，4~6 岁的男孩需 0.9 毫克，女孩为 0.8 毫克。

饮食来源

大部分的植物及动物组织皆含有维生素 B₂，其中牛奶及其制品（起司、优格）及强化谷类含量丰富。肉类、动物之内脏及绿色蔬菜、青花菜亦是维生素 B₂ 之良好来源。

＊维生素B₆

维生素 B₆ 主要是参与氨基酸的代谢反应，此维生素的需要量随蛋白质摄取量的增加而增多。1~3 岁的幼儿每日维生素 B₆ 的建议摄取量为 0.5 毫克，4~6 岁的幼儿需 0.7 毫克。

饮食来源

动物食品是维生素 B₆ 的良好饮食来源，例如猪肉、牛肉。植物中，全麦、糙米、酵母、豆类及坚果类均是维生素 B₆ 的良好食物来源；除此之外，蔬菜中的菠菜、青花菜、白花菜和水果中的香蕉等也含有丰富的维生素 B₆。

＊维生素B₁₂

维生素 B₁₂ 在体内主要参与氨基酸反应，也会影响叶酸代谢途径而影响核酸之合成与细胞的分裂。1~3 岁的幼儿每日维生素 B₁₂ 的建议摄取量为 0.9 微克，4~6 岁的幼儿则需 1.2 微克。

饮食来源

植物性食品不含维生素 B₁₂，所以食物中维生素 B₁₂ 之主要来源为动物性食品，主要以肝脏、肉类或贝类等含量较丰富，乳品类亦含少量。

＊叶酸

叶酸主要参与单碳代谢反应，与细胞分裂也有密切关系，同时是参与氨基酸代谢之辅酶等。另外叶酸对生物体内所有的甲基化反应扮演十分重要的角色。由于叶酸参与 DNA 合成和氨基酸代谢的反应，故与细胞分裂有关。

缺乏叶酸会导致巨幼红细胞性贫血症及生长迟缓等现象。1~3 岁的幼儿每日叶酸的建议摄取量为 150 微克，4~6 岁的幼儿需 200 微克。

饮食来源

此成分多存于深绿色叶菜、青花菜、肝脏、芦笋、干豆类、柳橙、酵母等。

第 5 章

补脑益智关键期（1～2岁）

1~2岁宝宝身体发育情况

这个时期宝宝连续长出十几颗牙齿，主食已经逐渐从以奶类为主转向以混合食物为主，要多给宝宝吃新鲜的蔬菜水果补充维生素，多吃肉类、鱼类、豆类摄取优质蛋白质，同时，牛奶也是这个阶段不可缺少的食物。

宝宝1岁半的时候，走路已经很稳了，很多宝宝甚至开始跑，你可能开始感觉宝宝变得难"管理"起来。但是你要鼓励宝宝多活动，因为这个时期是宝宝脑发育的黄金期，除了鼓励宝宝多活动以开发智力外，你还需要给宝宝准备一些对大脑有益的食物，比如坚果、鱼类以及鸡蛋黄都是不错的选择。

1~2岁宝宝营养新知快递

＊宝宝一日饮食安排

这个阶段宝宝的乳牙已经大部分出齐，消化能力进一步提高。在膳食安排上可以比照成人的饮食内容。此后，乳品不再是宝宝的主食，但尽量保证每天饮用配方奶，以获取更佳的蛋白质。宝宝的食品应当尽量细、软、烂，以利于营养成分的吸收。

上午

8:00	母乳或配方奶250毫升，面包25克，荷包蛋1个
10:00	点心少许，酸奶50~100毫升
12:00	粥1碗，蔬菜，鱼肉，虾

下午

15:00	水果100克，小点心1块
18:00	软饭1碗，汤1碗，蔬菜，豆腐

晚上

母乳或配方奶250毫升

宝宝吃水果不是越多越好

任何食品都讲究饮食平衡，虽然水果中含有丰富的维生素和其他营养物质，但吃得过量也会引起不适。对宝宝来说这一点尤其重要，因为宝宝的身体在发育期，许多器官功能还不完善。

* 患水果病

水果病最常见的就是橘子高胡萝卜素症，多发生在秋季橘子丰收的季节，主要的症状是宝宝鼻唇沟、鼻尖、前额、手心、脚底等处皮肤出现黄色，严重的全身发黄，同时伴有恶心、呕吐、食欲缺乏、全身乏力等症状，有的家长误以为宝宝得了肝炎。

* 过量吃水果容易影响其他食品的摄入

宝宝吃水果太多了，就不

愿意吃饭了，肯定会影响其他营养的吸收。对于营养不良的宝宝来说过量吃水果加重了蛋白质摄入的不足；对于肥胖的宝宝来说，大量摄入高糖分的水果进一步加重了肥胖，不利于减肥。

秋季打造健康体质

秋天来了！多变的天气让宝宝容易生病和感冒，在换季时如何加强宝宝的免疫力和适应力呢？借由了解当季蔬果的特性和营养，让妈妈和宝贝都可以轻轻松松地迎接秋天的到来。

* 挑选蔬果有诀窍

换季了，不只宝宝的衣着方面需要改变，饮食方面也要有所不同，秋天的时候宝宝该吃什么比较好呢？在出发购买前，如何挑选蔬果、保存蔬果

也是个重要的课题，就让我们来一探究竟吧！

* 不会发芽的马铃薯

马铃薯本身就有轻微的龙葵碱，是一种生物毒，在发芽

后芽眼部分的龙葵碱会超过千倍，食用后会对人体造成危害。因此，国外进口的马铃薯多半会在出口前经过类似辐射线的特殊处理，将马铃薯的发芽机制破坏，以便保存。

＊当季蔬果优点：质量佳，价格低

当季盛产的蔬菜与水果质量佳，大量采收与贩卖，通路广且竞争多，价格上便较低，非常适合妈妈选购，既可节省钱，又可买到新鲜营养的蔬果。此外，当季季节性的蔬果，因其生长条件合适，产品的质量优良，在药物的使用量上少，较无食品的贮存问题，相对于非当季的蔬果，食材安全性高；因为不合时宜的蔬菜，常需使用较高剂量的药剂处理，才能减少病虫的危害。当季盛产的蔬果最适合当季的养生条件，例如夏天属火，天气较干燥也炎热，就宜食用当季盛产的瓜类食物（如西瓜、瓠瓜、丝瓜等）。蔬果本身就具有寒凉等特性，可以去火、消暑与减轻体热，配合季节食用，顺应自然，便能够轻易掌握养生与保健的原则。

＊蔬果的选择：新鲜、外形、重量

在选购蔬果时，应选择大小适中、蔬果外皮色泽深浅均匀、富有生命力的产品。有些消费者会十分介意蔬果外皮有虫咬的痕迹，事实上，稍有虫咬或不完美无妨。除了外观上，蔬果重量与质地，也是需要考虑的一环，选购时选择饱满、熟度适中的蔬果。另外，也可以用嗅觉来看蔬果的新鲜度，新鲜的蔬果通常会散发自然的蔬果香味，选购时可以留意。

＊保存蔬果的秘诀：分类与冷藏

蔬果购回保存前，应先将蔬果外之污垢、残枝败叶去除，先放置室外半天，让可能留在蔬果上的残余农药等化学物挥发，不需清洗；放置半天后再以透孔塑料袋或白报纸包裹，使用白报纸可以吸附湿气，让蔬果不易腐坏，再放入冰箱或阴凉处贮藏。有些妈妈会习惯把买回来的菜先进行清洗，但需注意清洗后的蔬果放入塑料袋，容易使食物闷坏且切割面容易腐坏与发黄，这时可以采用保鲜盒保鲜的方式进行冷藏，比较不易潮湿。一般家庭中最实用且简便的贮存法，是

将蔬果放入冰箱冷藏，如果冰箱容量有限，可将蔬果分类贮存，容易腐坏和老化的叶菜类和较鲜嫩的蔬菜（如芦笋、竹笋等）先行放入冰箱。食用顺序也以不耐贮放者优先食用，叶菜类2~3天须食用完，豆荚类可保存较久3~4天。有些蔬菜（如冬瓜、南瓜、茄子、甜椒等）的贮藏适温高于冰箱温度，这类蔬菜贮放时最好多包两层纸再放入冰箱下层，且不宜贮放冰箱太久。至于甘蓝、芋头、姜则只要置于通风阴凉处即可。

＊采买多样化

采买蔬果的原则是尽量多样化，叶菜、瓜果、菇蕈、海藻及各类水果，应多种互相搭配，依照用餐人数适量选购，以及选择适当的存放方式，让食材能够在新鲜的情况下让家人享用。让宝宝养成多样摄取蔬果的好习惯，吃得健康，也可避免挑食！

＊蔬果营养大搜密

了解了如何挑选蔬果后，再来看看秋季所产的蔬果之营养价值与特性。我们特邀营养师挑选以下蔬果，让妈妈可以针对这些蔬果做辅食，让宝宝

饮食更加多元，轻轻松松在换季时享得美味。

＊营养丰富的秋季蔬菜

木耳：黑木耳含丰富的多糖体、蛋白质、维生素 B_1、维生素 B_2、膳食纤维，不但健脾、益胃还可以养肝。木耳为块状，会造成婴幼儿食用上的困难，烹煮时可以将黑木耳蒸熟后，加入冰糖、蜂蜜、姜和红枣等其他食材熬煮后用果汁机打碎，煮成甜羹品类，如木耳养生羹品。

苋菜：苋菜含有蛋白质、脂肪、糖类、水分、维生素 A、B 族维生素、维生素 C、铁、钙、磷的营养成分。宝宝 6 个月后就可以补充苋菜辅食，补充苋菜辅食的其中一大原因就是摄取铁质。苋菜含铁量是菠菜的 1 倍，钙含量则是 3 倍。所含钙、铁进入人体后容易被吸收及利用，对小儿发育和骨折愈合有帮助。含有苋菜的辅食有苋菜鱼羹、姜汁苋菜泥。

茄子：茄子含有维生素 A、B 族维生素、维生素 C、维生素 P、钙、磷、镁、钾、铁、铜等营养素。茄子除了富含膳食纤维外，紫色外皮也含有多酚类化合物。用茄子可做辅食

如茄糊。

大黄瓜、大头菜：大黄瓜含有维生素 A、B 族维生素、维生素 C、糖类、膳食纤维、钙、钾、磷等营养素。大头菜则含丰富的蛋白质及维生素 C，大头菜内含的钙质能被人体充分吸收，是很好的钙质来源。二者都是较为软质的瓜类蔬菜，可以在煮成人食用的汤时一起煮软，调味前先捞起，用汤匙压一压就是适合宝宝吃的泥状或软质的蔬菜，如大黄瓜泥、大头菜泥。

＊新鲜美味的秋季水果

木瓜：木瓜含有丰富的维生素 A、B 族维生素、维生素 C、维生素 E、维生素 K、钙、磷、铁、钾、β-胡萝卜素等营养素。木瓜与龙眼、荔枝、柑、橙、柚、苹果等水果一样，钾的含量都很高。美国科学家曾评定确认营养最佳的 10 种水果中，木瓜是最具有营养成分的；木瓜内所含的丰富的叶黄素，对于视力的保健效果也十分好。如果宝贝吃的时候不方便，则可以改成以打汁的方式饮用，如木瓜奶酪、木瓜牛奶。

牛油果：牛油果里所含有 α-胡萝卜素、维生素 E、维生素 B_6、单不饱和脂肪等营养

成分。α-胡萝卜素与维生素E一样，需要脂肪的协助才能被人体完全吸收。酥梨刚好是单不饱和脂肪最好的天然食物来源，因此成为理想且有益心脏的营养食物；酥梨所含的α-胡萝卜素，它的抗氧化能力可预防体内坏的低密度脂蛋白氧化，减少罹患动脉粥状硬化的危险性。酥梨可做辅食如酥梨色拉、酥梨布丁牛奶。

梨子：梨含有糖类、膳食纤维、钾、维生素C、B族维生素、果胶等营养素。水梨所含钾有助于人体细胞与组织的正常运作，并调节血压；所含的维生素C则可保护细胞，还含有水溶性纤维——果胶。梨子可做辅食如冰糖水梨。

火龙果：火龙果里头所含的营养成分包括维生素 B_1、维生素 B_2、钙、食物纤维等。火龙果含有一般水果少有的植物性蛋白和花青素、丰富的维生素和水溶性食物纤维。其所含花青素和水溶性膳食纤维，对预防便秘有特效，而花青素具有抗氧化、抗自由基的作用。

＊蔬果烹调与食用原则

蔬菜在烹煮时以水煮为主，不需特别去调味，如怕味道太淡可加入少量的盐。因婴幼儿1岁内肠道功能尚未发展健全，消化酶尚未成熟，对油脂的耐受性较低，故对脂肪消化比较慢。建议一开始以水煮为主，之后利用蛋黄、少油肉汤逐量尝试，确认适应良好再慢慢给宝宝脂肪类的食品并进行调味。水果的部分，建议一次给宝宝一种水果，可连续尝试两天，观察宝宝排便和皮肤状况，看是否有过敏现象，再尝试另一种。宝宝食用水果时仍以少量为原则。

＊秋季蔬果饮食禁忌

营养师表示，宝宝不宜食用的秋季蔬菜和水果，多半因颗粒较大、不易咀嚼，也容易造成消化上的困难。例如：花椰菜与甜椒，此类蔬菜较适合1岁以上的孩子。针对水果的部分，因柿子会和胃酸作用产

生柿碱，而副食品喂食时段为两餐中间，故不适合在宝宝空腹的时候喂食柿子。

＊ 美味食谱对抗秋季厌食

秋天的气候，气温多变而干燥，中医称为秋燥。这样的季节转换会造成宝宝食欲缺乏，也因秋天太阳直射，气候甚至会比夏季还炎热，而出汗多会造成胃液的分泌减少，食欲降低。这时可以用一些调味上的变化达到提味，如：酸味、酸甜味。利用当季所产的百香果和柠檬，用汤匙压榨出汁，加入开水和少许糖调味，能增加宝宝食欲。另外也可利用简易食用的食品，降低进食的咀嚼力度，达到增加进食量的目的，如：蔬果汁、水果布丁、水果奶酪等。最重要的是，当家中的宝宝有厌食的情形发生时，家长要有耐心；找出宝宝一天中较有食欲的时段，利用丰富的食材，去作适当的调整，一同陪宝宝度过厌食的阶段。

小心宝贝吃得太甜

几乎所有的孩子都嗜甜，一进入商店琳琅满目的糖果及巧克力更是像时时在向宝宝招手，但含有甜味的食物及饮料却是宝贝健康的另一大隐忧。

＊ 你认识糖吗

糖几乎是所有宝贝的心头好，只要妈妈来颗糖，宝贝就会非常满足。但是爸爸妈妈们，你们真的认识糖吗？

单糖、双糖、多糖及寡糖

糖在生活中会以各种形式出现，除了常见的糖果、果糖及砂糖外，淀粉类、奶类及蔬果类都含有糖分，各种糖类的总称就是糖，又可以分做单糖、双糖、多糖及寡糖，其分类方式在于各种糖组成的分子不同，从名称就能略知一二；单糖及双糖就是常见的砂糖、蔗糖、果糖等，其中砂糖、蔗糖、冰糖等大都是从甘蔗中榨取出来的，在精制的过程中因不同处理而有不同面貌，例如刚制作出来的红糖脱色后就是砂糖。一般而言，颜色越深的糖类热性越高，所以夏天时大家习惯添加冰糖，冬天或身体比

较寒冷的人多会添加红糖等。果糖顾名思义就是从水果中萃取出来的，是单糖的一种，其甜度是天然糖类的第一名，但此种糖类基本上从新鲜的水果中就已经可以得到了，不需要再另外添加或是摄取。

多糖即为多分子的糖类，存在于地瓜、五谷杂粮、米饭、面食等，加上膳食纤维，对于健康来讲是最好的一种糖类，具有帮助肠道蠕动的效用。

寡糖——又称为"益生菌"——这个名词常在婴幼儿的配方奶上见到，组合分子介于单糖及多糖之间，其甜度及热量为蔗糖的 20%～70%，有类似水溶性膳食纤维的功能，不会被人体吸收，但能促进肠蠕动，提供肠道里有益菌类的养分，改善便秘、腹泻等问题；加上寡糖的组成方式因为分子较大，细菌不容易分解利用，所以不会引起蛀牙，相对而言较单糖及双糖好一点儿。

这么多种的糖类，究竟哪些好哪些不好呢？糖类并不能分好糖与坏糖，重要的是宝贝的摄取量及得到糖分的来源。

蜂蜜——婴幼儿不适合的糖类

甜甜的蜂蜜是大熊们最喜欢的食物，在卡通里总能见到大熊一把挖起蜂蜜就往嘴里塞，但是爸爸妈妈们知道吗，1 岁以下的婴儿是不能吃蜂蜜的！

蜂蜜是一种天然制成的糖类，一般没有经过杀菌消毒，可能含有肉毒杆菌孢子。由于宝宝的肠道尚未发育完全，可能会因此对宝宝造成伤害。另外中医学认为蜂蜜具有滑肠的效果，大人吃了可促进排便，但宝宝吃了可会发生腹泻的情况，一定要注意。

每日可以摄取多少糖

细胞得到能量的来源是葡萄糖，由此可知糖类是身体获得能量的重要来源，也能增加身体的新陈代谢；摄取过多糖的缺点是众所皆知的——肥胖与蛀牙，甚至造成慢性病。专家建议应多摄取多糖类，包括上述的米饭与五谷杂粮类等，由于其分子不容易被分解，能够被肠道吸收，多糖类也包含膳食纤维，帮助宝宝肠道蠕动避免便秘发生。

那到底宝贝除了正餐，还可以摄取多少额外的糖呢？以

婴幼儿每日建议摄取的量来计算，宝宝每日饮食的热量应为1500大卡，其中来自糖类的热量应为总热量的50%～60%，换算成实体为150～200克，扣除掉平日正餐中吃掉的糖类，大概只能额外再摄取10%，也就是大概20克而已。若以实际的零食来换算，一颗糖果（方糖）大概5克，所以家中的宝宝每一天能多吃的糖就只有4颗而已；饮料更是应该避免的选项，一般500毫升的饮料糖类含量就有20～30克，对孩子来说都是额外的负担！

宝宝与糖，甜蜜的好朋友

在认识了这么多糖类之后，专家提醒："1岁以前的孩子都必须摄取天然的食物，且不需要另外摄取糖分！"其实只要依照每日饮食指南所建议的摄取量进行烹调饮食，孩子所摄取的糖分就已经足够了，因此孩子并不需要另外再多吃糖类及甜食，饮料中或是水里也不要再多加糖水；现在很多孩子都有肥胖的问题，罹患糖尿病的年龄也逐渐下降，都可能是因为摄取过多糖类造成的。一般而言，所摄取的果汁或是饮料（例如养乐多）等，原则上都必须经过对半稀释过

后才能饮用，一方面能避免孩子糖类摄取过高，另一方面也能避免孩子的口味过重；在为孩子挑选牛奶时也要尽量挑选"原味的"，如果选择调味乳就一定要稀释，而炼乳则大都是糖水，宝贝应尽量避免食用。一个很重要的观念是，当孩子从小习惯吃口味比较重的食物，随着孩子慢慢长大，他所需要的口味就会越来越重，吃的东西会越来越重甜、重咸等，这样的情况对孩子来说弊大于利，重口味的食物由于调味料的量比较大，容易引起慢性疾病。许多家族的慢性疾病其实与生活饮食习惯有大大的关系，若能在孩子小的时候培养"清淡的舌头"，对孩子的身体来说是比较好的。

＊与糖类的实战原则

在介绍各种糖类及其食材时，专家强调，孩子所摄取的糖必须是天然的！天然的食材本身就含有许多足够的营养，且口味适中，绝对是最健康且甜蜜的选择。

给宝贝的点心选择

若太早让宝宝接触未稀释的果汁及甜食，宝宝也许会养成爱吃甜食的习惯，而且容易造成蛀牙，因此不建议宝宝吃甜食与太多果汁。甜食的种类涵盖广泛，包括巧克力、饮料、饼干及糖果等都属于不建议宝宝摄食的糖类，若一定要吃的话，一般的水果糖、牛奶糖、QQ糖、果冻、豆花、布丁等等还可以被接受，或是纯巧克力，那也是可以让孩子食用的选项之一；果汁虽然是建议孩子摄取的食材，但市面上许多果汁都是由糖水及色素调制而成，家长应尽量自己榨原汁，若一定要用买的，那么必须挑选原汁含量30%以上的果汁，才不会让宝贝喝到很甜但是营养价值低的饮料。

若爸爸妈妈仍会担心不知道宝宝吃什么会比较好，专家建议选择季节性的蔬菜、水果、牛奶、蛋、豆浆、豆花、面包、面类、三明治、马铃薯与甘薯等；不建议的食物则有：薯条、洋芋片、炸鸡、奶果、巧克力、夹心饼干、汽水和可乐等。

运动饮料是禁止的

孩子运动完习惯喝杯运动饮料补充电解质吗？或是有些家庭习惯在孩子拉肚子后给予一些运动饮料补充电解质。对于幼小的宝贝来说，运动饮料的电解质对他们尚未发育完成的肾脏来说是很大的负担。若

几乎所有的食品在外包装上会标明其内容物及成分，许多糖类制品在热量的地方只会标示碳水化合物，这时就要再看看成分的内容是什么样的糖类，再选择是否可以让宝宝食用。只要爸爸妈妈稍微注意一下，不用再怕会吃错糖了！有一些食品在成分当中会显示牛奶、面粉等，由于这些成分本身也含有糖类，所以如果爸爸妈妈注重糖类摄取量，也应将其成分计算进去。

专家指出挑选适合宝宝的食品时，只有一个原则：健康。健康的食品，包括了添加蔬菜、牛奶的饼干等，另外全麦面包、含核果类的食品也都很适合宝宝。只要花一些时间认识糖类，并阅读食品中的营养标示，就别担心宝贝吃太多糖了！

一定要让宝贝饮用运动饮料，建议要稀释过至少对半。

购买含糖食品停、看、听

市面上有品牌的食品大都经过检核通过，包括人工甘味剂等在摄取过后几乎不会有什么特别的副作用；家长唯一必须小心的是一些没有品牌的食品如棒冰，可能会掺杂化学性的糖精在里面，专家提醒爸爸妈妈们尽量不要购买如自制棒冰等来路不明的食物。

给宝宝零食的原则

零食是宝宝的最爱，但是你要是给的方式不当，不但对宝宝的身体健康不利，还会养成宝宝一闹就要拿零食来哄的坏习惯。在此，要把握几个给宝宝零食的原则：

*时间要到位

如果在快要开饭的时候让宝宝吃零食，肯定会影响宝宝正餐的进食量。因此，零食最好安排在两餐之间，如上午10点左右，下午3点半左右。如果从吃晚饭到上床睡觉之间的时间相隔太长，这中间也可以再给一次。这样做不但不会影响宝宝正餐的食欲，也避免了宝宝忽饱忽饿。

＊不可让宝宝不断地吃零食

这个坏习惯不但会导致宝宝肥胖，而且如果嘴里总是塞满食物，食物中的糖分会影响宝宝的牙齿，造成蛀牙。

＊不可无缘无故地给宝宝零食

有的家长在宝宝哭闹时就拿零食哄他，也爱拿零食逗宝宝开心或安慰受了委屈的宝宝。与其这样培养宝宝依赖零食的习惯，不如在宝宝不开心时抱抱宝宝，摸摸他的头，在他感到烦闷时拿个玩具给他解解闷儿。

对宝宝大脑发育有害的食物

＊腌渍食物

包括咸菜、榨菜、咸肉、咸鱼、豆瓣酱以及各种腌渍蜜饯类的食物，含有过高精盐成分，不但会引发高血压、动脉硬化等疾病，而且还会损伤脑部动脉血管，导致脑细胞缺血缺氧，造成宝宝记忆力下降，大脑反应迟钝。

＊含有味精的过鲜食物

含有味精的食物将导致周岁以内的宝宝严重缺锌，而锌是大脑发育最关键的微量元素之一，因此即便宝宝稍大些，也应该少给他吃加有大量味精的过鲜食物，如各种膨化食品、鱼干、泡面等。

＊煎炸、烟熏食物

鱼、肉中的脂肪在经过200℃以上的热油煎炸或长时间暴晒后，很容易转化为过氧化脂质，而这种物质会直接损害大脑发育。

＊含铅食物

过量的铅进入血液后很难排除，会直接损伤大脑。爆米花、松花蛋、啤酒中含铅较多，传统的铁罐头及玻璃瓶罐头的密封盖中，也含有一定数量的铅，因此这些罐装食品父母也要让宝宝少吃。

＊含铝食物

油条、油饼在制作时要加入明矾作为涨发剂，而明矾(三氧化二铝)含铝量高，常吃会造成记忆力下降，反应迟钝，因此父母应该让宝宝戒掉以油条、油饼做早餐的习惯。

家有怕高的孩子

很多人都会想怕高究竟是什么样的感觉？有那么可怕吗？我就以当事者的身份来述说我的心境吧！首先，想象您站在一根面积大约只有您的鞋子大小的木头之上，而这根木头高达数十米并剧烈摇晃，您随时都会有摔落的可能。

*怕高的胆小鬼经验谈

没错！这就是我面对高度时常有的感觉。不仅如此，我还会有许多诸如掌心大量冒汗、肢体动作僵硬、双脚发抖等生理反应；当下我会无法思考，对于周遭的声音也不太有反应，专注力异常集中在"好高！好怕！我该怎么办？我会不会掉下去？这高台会不会垮掉？如果掉下去会怎么样？"的念头上。更严重的，连看到空中飞人或钢索特技等表演也都会有掌心冒汗的情形出现；与朋友相约去游乐园玩，随着日子渐渐接近就会开始担心如

果大家要做自由落体的时候我该怎么办？到时我会不会很丢脸？很显然的，这已经不再单纯是重力不安全感的问题了，更衍生出许许多多的心理与社会适应方面的问题。

这个问题同样也困扰着许多孩子，而这群孩子极有可能是重力不安全感的典型案例，家长们应趁着怕高的问题尚未严重影响心理层面之际，及早发现与治疗，也许可以让这群孩子将来不必在高度恐惧之下生活。

*造成重力不安全感的原因

重力不安全感其实是前庭系统过度反应所导致，尤其是与重力（地心引力）和直线加速度感觉相关的椭圆囊与球囊，而这两个器官位于我们的头部，因此当头部位置和动作的改变越明显时，对于重力的感觉也会越敏感，越会去在意

重力的反应。因此当双脚离地或站在不平稳的平台上时，便会感到恐惧和失去安全感，如果再加上一定的高度，这样的恐惧会加倍。

*重力不安全感的观察指标

1 异常怕高，就连一般人可以接受的高度都会感到害怕，常出现的心理反应包括担心坠落、过度怀疑建筑物的稳固度，他们经常会问："这个安全吗？不会坏掉吗？"

2 不喜欢垂直上升或下降的活动，如跳弹簧床、搭乘手扶梯或透明电梯等。

3 不喜欢站在不平稳的平面上，如吊桥、平衡板等。

4 在不平稳的平面上时会出现步伐加大、双手高举并紧握拳头、脚指头紧抓着平面等情形。

5 对于新的动作和活动感到害怕或过度小心，除非看

过别人示范或在他人大量搀扶下进行并确定没有危险后才能安心去做。

6 讨厌双脚悬空的游戏，如荡秋千、飞高高等。

7 不敢下楼梯或从高处转位到平地有困难。

除了上述的行为观察指标外，亦可以同步观察是否有负向的生理反应出现，如冒冷汗（手掌与脚掌较为明显）、肢体或动作僵硬、身体异常抖动、头晕或呕吐等。

＊陪伴＋引导，给孩子充分的安全感

1 在不平稳的平面上移动时，初期家长可以搀扶着小朋友，一方面可以给小朋友提供安全感，另一方面可以引导小朋友做出较正确的动作，如此一来他们才会有体验正常动作的机会和成功的经验。

2 荡秋千、跷跷板等摇晃游戏的建议：

A. 初期家长可以抱着小朋友一起玩，这样可以让小朋友在有安全感的状态下接受前庭刺激。

B. 荡秋千方面，初期也可以让小朋友在双脚着地的状况下自行往前、后移动，让他们渐渐去适应荡秋千，也可以避

免看到荡秋千就感到害怕。

C. 待小朋友在怀抱下逐渐适应后，可以开始尝试让他独自坐在秋千或跷跷板上，此时家长可以用手控制器材的摆动方向、高度和速度，循序渐进

地增加摆动的强度。

D. 如果家中有平板式的秋千，可以让小朋友独自坐在上面玩喜欢的玩具或阅读喜欢的书籍，家长可以视情况给予轻微的摇动。

E. 切记千万不要因为小朋友害怕而完全隔绝相关的游戏，这样只会剥夺小朋友接受刺激并逐渐适应的机会。

3 增加垂直上升与下降的游戏经验：

A. 弹簧床是个不错的选择，初期可以牵着小朋友上、下晃动，如果已适应晃动，则可以开始跳的动作，先以非连续跳开始训练，再逐渐往连续跳的目标迈进。

B. 较大的小朋友可以让他们双脚着地坐在大龙球上，家长可以扶着孩子的肩膀给予上、下晃动，可以逐渐增加晃动的强度。

C. 较小的小朋友如果脚无法着地，家长可以抱着孩子的骨盆处给予上下晃动。

4 活动进行时，多给予正向的支持与鼓励，避免嘲笑或给予不当的恐吓。

1岁半的宝宝还不会走路怎么办

1岁半的宝宝还不会走路，属于发育落后了，一般弱智儿在大运动方面也都表现出发育落后，走得晚。宝宝不会走路其原因很多，首先应考虑宝宝大脑的发育有没有问题，腿的关节、肌肉有没有病，再有，父母有没有训练过宝宝走路，宝宝是否爬过，站得好不好，是否用屁股坐在地上蹭行过，是否过早地用了学步车，这些因素都会影响宝宝学会走路或推迟走路的时间。

宝宝一般在1岁左右就会走了，如果到了1岁还不能站稳，可以看看他的脚弓是不是扁平足。扁平足是足部骨骼未形成弓形，足弓处的肌肉下垂所致，父母可以帮他按摩按摩，并帮他站站跳跳。有的宝宝是脚部肌肉无力，无法支撑全身重量，大人要帮他增加肌肉力量。如果到了1岁半宝宝还不会走路，最好请医生检查一下，对症治疗。

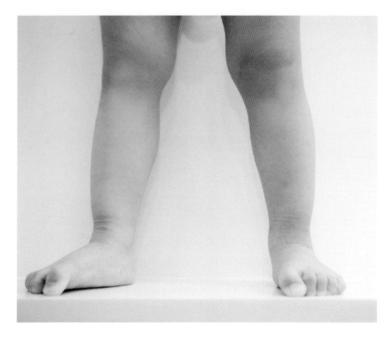

宝宝最爱吃的补脑益智饮食

*绿豆薏仁

材料：绿豆和薏仁各2匙，白糖5克，水300毫升

做法：

绿豆和薏仁泡水2小时后，加水煮烂后加适量白糖即可。

*莲子市耳汤

材料：干莲子10颗，干白木耳3朵，糖2匙

做法：

将干莲子泡水4小时使它软化，干白木耳用热水泡开、剥碎，之后再放入电饭锅加水煮烂，加糖即可。

*莲藕蒸肉

材料：莲藕1小节，猪绞肉30克，盐、姜末、酱油各少许

做法：

1 莲藕洗净后去外皮，磨成泥状，并以纱布轻拧将多余的水过滤。

2 将莲泥、猪绞肉、姜末、盐和酱油搅拌均匀捏成球状，放入电饭锅蒸熟。

*什锦炒饭

材料：饭1碗，糙米饭1/4碗，肉丝10克，虾仁10克，毛豆10克，玉米粒10克，葱少许，蛋1个，太白粉少许，油1小匙，盐少许，酱油少许

做法：

1 葱切花；虾仁抹少许的盐并裹上一层薄薄的太白粉；蛋打散成蛋液。

2 热油锅，先放入蛋液炒至略熟后放入肉丝、虾仁，等炒到八分熟时放入饭和糙米饭，将炒饭炒松。

3 最后再将玉米粒、毛豆和酱油加入拌炒即可。

＊蜜枣核桃卷

材料： 蜜枣 150 克，核桃仁 50 克，鸡蛋 2 个，糯米粉 50 克，白糖、植物油适量

做法：

1 将蜜枣去核；核桃仁用热水泡开，炒锅放油烧至五成热时，下核桃仁过油 1 分钟，捞出沥干油待用。

2 取出蜜枣一枚摊开，包进一小块过油的核桃仁，卷成橄榄形，蜜枣全部包完；鸡蛋磕开取蛋清，放入糯米粉调拌后，将卷好的蜜枣放入糯米浆内蘸匀。

3 炒锅放油烧至五成热，将蜜枣一个一个放油锅炸至色黄发脆，先将炸好的捞起，待全部炸好，再加火略炸，倒

入漏勺里过油，装在盘内撒上白糖即可。

功效解析：核桃含有较多的优质蛋白质和脂肪酸，对脑细胞生长有益。

* 五仁包

材料：面粉400克，核桃仁100克，莲子、葵花子、松子仁、花生仁、熟黑芝麻各30克，白糖和香油各适量

做法：

1 面粉发酵后调好碱，搓成一个一个小团子，做成圆皮备用。

2 将核桃仁、莲子、葵花子仁切碎，加炒好的黑芝麻、松子仁、花生仁、白糖、香油，拌匀成馅。

3 面皮包上馅后，把口捏紧，然后上笼用急火蒸15分钟即可。

功效解析：该面食中核桃仁、花生仁、黑芝麻、松子仁、葵花子仁这五仁，都含有丰富的不饱和脂肪酸，还含有丰富的蛋白质，含有多种氨基酸，特别是人体必需的8种氨基酸含量丰富，这都是大脑不可缺少的营养素。

* 香炸豆腐

材料：豆腐300克，炸花生仁50克，葱段、料酒、白糖、干辣椒、花椒粒、清汤、盐、酱油、水淀粉、植物油各适量

做法：

1 将干辣椒切段；碗内加清汤、白糖、水淀粉、盐、酱油调成味汁待用。

2 炒锅置火上，加油烧至七成热，将豆腐切块，放入油锅内炸至金黄色，捞出控油。

3 炒锅中留油30克左右，放入干辣椒、花椒粒炸至棕黄色，去掉花椒粒，再放入豆腐、葱段、料酒，倒入味汁，放入花生仁炒匀，起锅装盘即可。

功效解析：豆腐中含有丰富的大豆卵磷脂，有益于神经、血管、大脑的发育生长，有健脑的功效。

* 清蒸猪脑

材料：猪脑花100克，料酒2小匙，姜汁、葱段、胡椒粉、鲜汤各适量

做法：

1 先将猪脑花去净血筋洗净，盛于蒸碗内，掺入鲜汤1/2碗，和姜汁、葱段、胡椒粉、料酒等适量。

2 将蒸碗置于笼内大火蒸熟，即可食用。

功效解析：猪脑花含蛋白质、脂肪、磷及维生素等，对大脑神经、记忆力等发育有促进作用。

* 紫菜瘦肉汤

材料：紫菜25克，猪瘦肉150克，葱花、姜、料酒、肉汤、盐各适量

做法：

1 将紫菜用清水泡发后去杂质；将猪瘦肉洗净，下沸水锅氽烫，捞出洗去血水切丝。

2 烧热锅，放入肉丝煸炒，放入料酒，炒至水干，加入肉汤、葱、姜、盐，煮至肉熟。

3 加入紫菜烧沸，出锅装入汤碗即可。

功效解析： 紫菜是很好的益智补脑食品，猪瘦肉含丰富的蛋白质、钙等，能补充大脑所需营养素。

＊芝麻拌菠菜

材料： 菠菜200克，芝麻50克，盐、香油各少许

做法：

1 将芝麻去杂质，淘洗干净，沥干水，放入锅中，用中火炒香。

2 将菠菜择洗干净，放入沸水锅中焯透，捞出，沥干水，凉凉后放入盘中，放入盐，加上芝麻，淋上香油即可。

功效解析： 芝麻是健脑益智食物，宝宝食此菜，可使脑力增强，思路敏捷。

＊洋葱菠菜粥

材料： 胡萝卜20克，洋葱20克，菠菜20克，米粥1小碗，酱油1/2小匙，清汤适量

做法：

1 将胡萝卜、洋葱、菠菜切成碎块。

2 将上述蔬菜加清汤煮制，随后放入米粥同煮。

3 煮好之后放酱油调味即可。

功效解析： 菠菜中含有大量的抗氧化剂如维生素E和硒元素，有促进细胞增殖作用，既能激活大脑功能，又可增强宝宝活力，洋葱能稀释血液，改善大脑的血液供应，从而消除心理疲劳和过度紧张。

＊鲜虾蛋粥

材料： 米饭1小碗，鸡蛋1个，虾仁50克，菠菜50克，葱花1大匙，盐和胡椒粉各少许

做法：

1 将米饭煮成稀饭；鸡蛋打散；葱切碎；菠菜切段。

2 把菠菜与虾仁加入稀饭中煮沸，用盐、胡椒粉调味。

3 最后将蛋汁倒入，撒上葱花即可。

功效解析： 鸡蛋含卵磷脂、卵黄素等，是婴幼儿大脑发育的必需品；虾含丰富的蛋白质、不饱和脂肪酸、钙、维生素A、B族维生素等，都是健脑的重要营养素，可提高智力。

启动身体抵抗力的中医疗法

根据中医小儿的养育观，小儿的生理特征是器官功能尚未发育完全，生长发育很快，小儿对于疾病的抵抗能力极差，所以容易受到外在环境变化导致身体状况快速转变，虽然五脏六腑及身体结构功能还未完备，但因器官组织也尚未受到外界物质太多的污染且再生力强，所以受到病菌侵袭时，只要适度调理就容易趋于康复。

小儿不适中医观点

中医在诊治小儿疾病时有几个特色：

1 强调身体与环境整体平衡，使身体适应环境与天气变化，自然能启动身体抵抗致病源（细菌、病毒）能力。

2 重视平日的生活习惯，注重清淡易消化并均衡营养的饮食调理优于药物调理。

3 补养不宜过度，平补为宜。

4 使用中药注重据体质辨证论治来量身给予个别化药物，就算是同一个患儿，一段时间过后，中医师再开立的处方也可能不同。

✻ 服用中药请由专业中医把关

有些家长会仅拿一帖处方，或是根据媒体报道研究证实有效的中药药方，就自行到中药房抓药给孩子服用，这样跳过中医师的专业把关，没有根据个人体质状况给予适当的药物与剂量，很容易吃出问题，建议服用中药还是交由专业中医师来评估开立较妥当。

✻ 中医常看之小儿病症

以中医的观点，小儿容易生病，生病后病情转变快速，易虚易实，易寒易热，且阳常有余，阴常不足（脾常不足），得病时容易懒懒的没精神气力，也容易发高烧，及受到天气冷热或食物冷热的影响，虽然身体的热量高、活动力好，但主运化（消化食物的能力）的脾脏尚未发展完全，所以有些体质较虚弱的孩子动不动就会生病，但又因为脏腑器官清灵，所以适度用中医药调理就容易趋于康复。

现代人生得少，孩子个个都是家中的宝贝，因此若家中的小朋友一生病，家长就急着带到医院吃西药、打针。当家长发现孩子反复发烧感冒，常到小儿科、耳鼻喉等科，感冒经过治疗好是好了，但胃口差、消化差甚至精神不佳，这时就会想到要到中医门诊，希望以中医来调理好体质。这自然也发展出特殊看病模式，例如先到西医看诊后再给中医师看以调理身体，有的孩子经过中医调理之后好得快且更少生病。当日后孩子再生病，这时家长就会先给熟悉的中医师看，若症状缓解则继续以中医调理，但若稍感到严重则到西医那儿听听西医的意见，再用点儿西药。这种中西医同治的状况现在颇为常见。一般来说，下面列举的一些症状，是中医常看的小儿病症：

体质调理 各式不良体质调理（气虚、血虚、肺虚、脾虚等）。

过敏性疾病 过敏性鼻炎、过敏性哮喘、异位性皮肤炎、湿疹等。

脑神经病症 不明原因抽动症、过动症、癫痫、夏季热、热衰竭、中暑等。

呼吸系统疾病 气喘、感冒、流行性感冒、咳嗽、反复呼吸道感染等。

耳鼻喉疾病 过敏性鼻炎、鼻窦炎、急性咽喉炎、慢性咽喉炎、流鼻血、中耳炎、扁桃腺发炎等。

肝胆胃肠道系统疾病 口腔炎、呕吐、食欲缺乏、消化不良、营养不佳、小儿厌食症、胃痛、腹痛、腹泻、便秘、小儿黄疸等。

皮肤疾病 汗疹、异位性皮肤炎、冬季痒、荨麻疹、脓痂疹等。

泌尿道疾病 小儿遗尿症、肾病症候群等。

其他小儿疾病 夜啼、惊啼、小儿成长痛、发烧、多汗、水痘、肠病毒、扭伤、脑性麻痹等。

＊必学！小儿捏脊法

依据中医理论，背部穴位透过经络与内脏相通，故捏拿脊柱两排穴位，能调理整体经络与脏腑的功能，进而提高抗病力，所以调理小儿不适穴位按摩首推捏脊法：

动作要领：小儿趴着，露出背部（天冷时，建议先将室内温度提高至宜人程度），大人用双手拇指腹与食指中节桡侧，双手各在小儿脊椎两边皮肤表面，由臀部往头部方向，左右手交替捏拿捻动，至脖子与肩膀交接处停止，再沿脊柱两侧捏过之处往下梳抹。一日可做3~5次。

手法要领：手指灵巧、手法轻柔、力道均匀、动作连贯。

按摩功效：调和阴阳气血、调理脏腑提高脏腑功能、疏通经络、扶正祛邪、消积导滞。

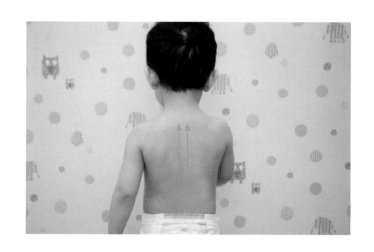

小儿常见疾病治疗方法

现在就以小儿尿床、小儿厌食、小儿气喘、过敏性鼻炎这四个常见的小儿病症，来详细说明病症发生原因、治疗处方以及饮食、按摩等中医建议。

＊ 小儿尿床

中医认为小儿遗尿主要是因为经脉未通、气血未盈、脏腑娇嫩、智力未全等机能尚未发育健全，对排尿的自控能力较差；功能上的病态是由于肾气不足、下元虚寒、脾肺气虚、后天营养失调等，影响膀胱的正常生理功能，膀胱不能约束而小便自遗。病位主要在肾及膀胱，同时涉及肺、肝、脾及三焦。小儿尿床又分为肾气不足、脾肺气虚、肝经湿热、心肾不交、肝郁不舒、气血两虚型。

6 类型尿床发生原因&中医处方

1 肾气不足型：脸色较苍白，口不渴，平时易怕冷，手脚四肢比较怕冷，白天小便量多而透明；经常尿床且每次尿量多，一夜多次，尿色白而清，味不重，醒后方觉，饮冰冷多则遗尿甚；身体与智力发育较同龄儿童差，下肢无力，脉沉无力，舌质淡，舌苔薄白。治疗可用金匮肾气丸、右归丸、缩泉丸、菟丝子散或桑螵蛸散加减。用药时需遵医嘱。

2 脾肺气虚型：后天调养不当（营养不良），面黄肌瘦，经常感冒，少气懒言（容易疲劳、不喜欢说话），食欲差，大便稀软，容易腹泻，稍动自汗出，白天尿频，睡中遗尿，但尿量少，饮冰冷多则遗尿甚，舌质淡，苔薄白或白腻，脉虚弱无力，多发生在病后，如气喘、上吐下泻。治疗常服用香砂六君子汤、补中益气汤合缩泉丸加减。

3 肝经湿热型：性情急躁易怒，脸唇红，口渴饮水多，口臭，嘴巴容易破，可能伴有夜间说梦话多，夜间咬牙、磨牙，易受惊吓；表现为睡中遗尿，尿色深黄，尿味腥臊臭，舌红苔黄，脉弦数。治疗可用龙胆泻肝汤加减。

4 心肾不交型：多形体消瘦，白日心浮气躁，手足心多热，睡眠不安稳、翻来覆去，会在睡梦中尿床，舌红苔少，脉细数。治疗常用黄连阿胶汤、交泰丸、桑螵蛸散加减。服药请遵医嘱。

5 肝郁不舒型：属容易紧张型。常用柴胡疏肝汤合逍遥散主方，缓解紧张，再酌加其他药，则可改善尿床。建议服药遵医嘱。

6 气血两虚型：脸色泛白，手足冰冷，身体瘦弱，久病后，小孩常有盗汗现象，会出现持续性尿床，几乎每晚都会发生尿床，或是多发性尿床，一个晚上尿床好几次，也有可能出现不论白天或晚上都会尿床的混合型尿床。方剂为十全大补汤。

多吃黑色系食物＋给予关怀少斥责

专家表示，在食物方面可多吃黑色的食物，例如：黑豆、黑芝麻、黑木耳、乌骨鸡、竹碳面包等。另外当孩子尿床后，因怕别人知道自己尿床，久而久之会有压力，自卑感也较重，父母应对孩子有耐心，应多关怀，少斥责和惩罚，以避免造成精神上的压力。有尿床问题的小朋友，让其了解遗尿是暂时的功能失调，应多安慰和鼓励，不要责怪打骂孩子，应使孩子消除紧张情绪，使其有不再尿床的自信心，也要培养适当运动的习惯，以舒解精神压力、改善尿床状况。

平时不要没事儿就问小孩要不要小便，要适时适度训练膀胱耐力，使小朋友知道如何控制尿尿，可在白天时逐渐增加小便滞留膀胱时间，即尽量延长小朋友两次尿尿的间隔时间，以增加膀胱的容积并训练膀胱括约肌力量，但也不宜过久不尿。傍晚4点以后少进流质食物，即少喝水，晚饭少喝饮料及汤，晚饭菜中减少盐量，以减少膀胱尿量。睡前少喝水，

尤其是具有利尿作用含咖啡因的碳酸饮料，临睡之前记得先去排尿，养成夜间想小便时主动起床的习惯。另外，尽量不要让4~6岁的小朋友穿纸尿裤睡觉，训练他自行起床小便及自行记录排尿日志；在孩子夜间经常尿床的时段前，将孩子叫醒起床小便，并且逐渐延长叫醒的时间，严重者可一夜唤醒数次，待改善后慢慢地减少夜间起来的次数，到不需家人叫醒而可自己起床小便。万一尿床了，家长在换洗床单、床垫、棉被、衣裤时，应让孩子一起参与，以训练其责任感。

小孩、家长、医师互相配合，一起面对及解决问题，相信尿床的困扰很快就可消失了，以恢复小孩的自信心。

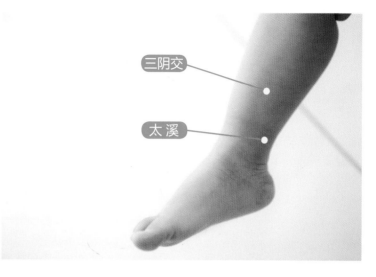

三阴交

太溪

小儿尿床穴位按摩

1. 三阴交

位置：在足内踝上3寸。

操作：用拇指或指端指面按揉。

功用：通血脉，疏经络，疏下焦，利湿热，通调水道。

主治：遗尿、惊风。

2. 太溪

位置：足内踝后5分，跟骨上动脉陷中（内踝后方，内踝尖与跟腱之间凹陷处。）

操作：用拇指或指端指面按揉。

功用：益肾，降火。

主治：遗尿、尿有余沥。

＊小儿厌食

家中宝宝不爱吃饭又爱喝饮料。若勉强多吃一点儿，或吃

一些较难消化的食物，就容易软便，大便也经常夹杂有食物残渣。以中医的观点来看，小儿厌食常见3种类型：脾失健运、脾胃气虚、胃阴不足，马上来看看你家宝宝属于哪一型。

3类型小儿厌食发生原因&中医处方

1 脾失健运型：此型的小朋友以腹胀为主，不仅不爱吃饭，若强迫吃下去，有时还会恶心、呕吐，放屁通常也比较臭；另外通常可见脸色较无光彩，形体偏瘦，但精神状态一般无异常，舌苔白或薄腻。治疗可用曲麦枳术丸，或类似功效的方剂。

2 脾胃气虚型：较容易腹泻，精神体力也较差，若勉强多吃一点，或吃一些较难消化的食物，不仅容易软便，大便也容易夹杂有食物残渣，如未消化完全的菜叶等；这类型常见于先天肠胃系统不佳的小孩，或长期拒食导致后天营养缺乏而体虚，除了精神较差之外，还可出现面色萎黄，形体瘦弱，舌淡苔薄，另外通常也有容易出汗的情形。治疗常使用参苓白术散。

3 胃阴不足型：此型的小朋友通常容易口干，饮水量

也多，喜欢喝饮料，但不爱吃饭，舌苔多见光红，舌质偏红，皮肤干燥，缺乏润泽，大便多干结。治疗可使用养胃增液汤。

多吃黄色系食物＋培养良好饮食习惯

建议厌食的孩子多吃黄色的食物，例如：地瓜、玉米、南瓜、黄甜椒等。专家表示，现代的家长甚为疼爱小孩，但应注意不能一味地顺从小孩而有过度溺爱的情形，要使小朋友从小养成不吃零食、不偏食、不吃甘肥黏腻食物、食物勿过精致、生活作息正常的良好习惯，培养健康身体，这才是使

小孩快乐成长的健全之道。

小儿厌食穴位按摩

1. 足三里

位置：在小腿前外侧，当犊鼻下3寸，距胫骨前缘一横指（中指）。位于膝盖骨下缘直下3寸，距离胫骨外侧1寸。

操作：用拇指或指端指面按揉。

功用：健脾和胃，扶正培元，通经活络，升降气机。

主治：厌食、胃下垂、食欲缺乏、便痢。

2. 陷谷

位置：在足背次趾本节后外侧，第2~3距骨结合部之后

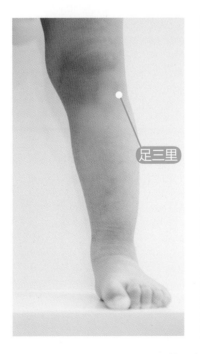

足三里

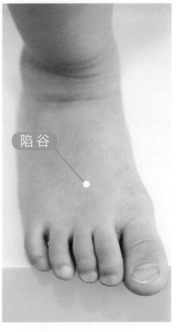

陷谷

凹陷处取穴。

操作：用拇指或指端指面按揉。

功用：清热解表，和胃行水，理气止痛。

主治：厌食、肠鸣腹痛。

＊小儿气喘

小朋友遇到气候变化就容易气喘、咳嗽，最是让家长担心。中医治疗气喘分为发作期和缓解期。发作期以邪实为主，攻邪以治其标，分辨寒热；缓解期以正虚为主，治以补肺固表，健脾益肾，消除伏痰夙根，调整脏腑功能。

发作期、缓解期发生原因&中医处方

发作期可分为寒喘、热喘和痰喘。寒喘就是咳喘畏寒，痰多清稀，舌苔白滑或浮紧，可用小青龙汤、射干麻黄汤。热喘就是咳喘痰白黏或黄，身热面赤，口干渴，喜冷饮，大便干燥或秘结，舌质较红，舌苔薄白或黄，可考虑定喘汤、麻杏甘石汤。痰喘则会咳喘胸满，但坐不得卧，咳痰黏腻难出，舌苔厚浊，可考虑三子养亲汤。

缓解期可分肺虚，平时自汗、怕风、常易感冒，舌苔淡白，脉细无力，可用玉屏风散加减。脾虚，食欲缺乏，面黄肌瘦，舌苔薄腻或白腻，质淡，脉缓无力，可用六君子汤、参苓白术散加减。肾虚，久病较常见，畏寒肢冷，短气喘促，舌红少苔，脉沉细无力，可用金匮肾气丸加减。

多吃非精致类白色系食物

平日可多吃白色系的食物，例如：白木耳、白芝麻、百合、山药、白果等，但注意不要吃过于精致的白色食物，像是白米、白面包、白面条等。

小儿气喘穴位按摩

1. 大椎

位置：位于第7颈椎与第1胸椎之间。

操作：用拇指或指端指面按揉。

功用：强壮保健，疏风散寒，活血通络。

主治：咳嗽、气喘。

2. 定喘

位置：在背部，第7颈椎棘突下，旁开0.5寸。

操作：用拇指或指端指面按揉。

功用：止咳平喘，通宣理肺。

主治：支气管炎、支气管哮喘、百日咳。

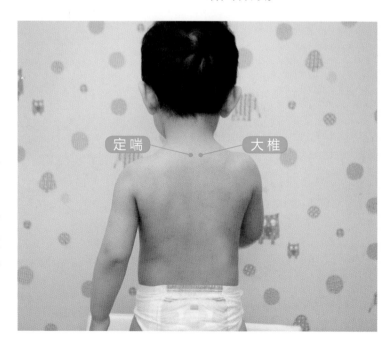

定喘　　大椎

*过敏性鼻炎

中医将过敏性鼻炎病因分为内因及外因，内因多为脏腑功能失调，外因多为风寒、异气之邪侵袭鼻窍。肺气虚弱、感受风寒是主要病因病理。由于脾气虚弱，可使肺气虚弱；肾气虚，也可使肺失温煦，进而导致鼻鼽的发生。因此中药的治疗主要会根据病患的整体症候体质，依当时状况处方用药。实际情形可大致分为以下几类：

3 类型过敏性鼻炎发生原因 & 中医处方

1 肺气虚弱，感受风寒：鼻痒喷嚏频作，流大量清涕，可伴有鼻塞或嗅觉减退，每遇风冷则易发作，反复不愈，平素畏风怕冷，易患感冒。治疗以温肺散寒为主，可选用温肺止流丹，或桂枝汤，也常用玉屏风散合苍耳子散加减。

2 肺脾气虚：除了鼻子的症状之外，还可兼见头重头昏，食欲缺乏，腹胀，四肢倦怠，大便溏泻。治疗以健脾补肺为主，可选用补中益气汤、参苓白术散等。

3 肾阳虚：除了鼻子的症状外，还可兼见怕风寒，严重时后脑、颈项及肩背亦觉寒冷，四肢不温，面色淡白，或见腰膝酸软、遗精早泄、小便清长、夜尿多等。治疗当温补肾阳，可选用金匮肾气丸。

配合饮食禁忌，治疗效果提升

过敏性鼻炎患儿在平时的饮食应忌食或少食寒性、生冷的食物，例如：大白菜、笋、瓜、香菇及虾、蟹等海鲜食品，另外红茶、奶茶即使是加热之后也是寒性食物，应少吃或不吃，虽然尚无大型的研究来证实，但从临床上观察若能配合饮食的禁忌，则能使治疗的效果较为提升。

过敏性鼻炎穴位按摩

1. 合谷

位置：在手背，第 1、2 掌骨之间，约平第 2 掌骨中点。

操作：用拇指或指端指面按揉。

功用：疏风解表，开窍醒神。

主治：过敏性鼻炎、鼻窦炎。

2. 迎香

位置：鼻翼外缘中点旁鼻唇沟中凹陷处。

操作：用拇指或指端指面按揉。

功用：祛风通鼻窍，理气止痛。

主治：过敏性鼻炎、鼻窦炎。

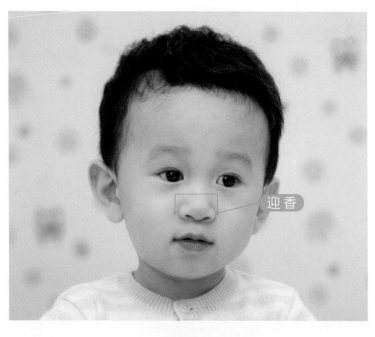

迎香

第 **6** 章

补锌、补钙，调理脾胃关键期（2～3岁）

2~3岁宝宝身体发育情况

这个阶段宝宝会走会跑了,运动量增大,但是胃的容量还是很小,为了满足生长发育的需要,你要给宝宝额外补充食物并适当增加宝宝每顿食物的量。

食物要多样化,要多吃含锌、含钙食物,如含锌丰富的大白菜、海产品,含钙丰富的虾皮、牛奶等,促进宝宝的生长发育。

同时这个时期的宝宝乳牙出齐,你要注意宝宝饮食的多样化,同时不要以为宝宝吃得越多越好,适可而止才能防止宝宝肥胖或者伤了脾胃。特别是节假日,尤其要注意宝宝的饮食。

2~3岁宝宝营养新知快递

✱ 宝宝一日饮食安排

这个阶段的宝宝每天所需的营养比以前略有增加,总热量可以达到1350千卡左右。他们普遍已经能够独立进餐,但会有边吃边玩的现象,父母要有耐心,让宝宝慢慢地用餐,以保证宝宝真正吃饱,避免出现进食不当导致的营养不良。

上午

8:00	蛋羹,牛奶250克,果酱10克,小盘新鲜蔬菜1盘
10:00	水果,面包片
12:00	主食60克,炖排骨100克,蔬菜1盘

下午

15:00	牛奶150毫升,面包片2片,水果100克

晚上

18:30	主食60克,菜50克,粥1碗,鱼肉
21:00	牛奶或配方奶250毫升

锌对宝宝生长发育的作用

2~3 岁宝宝身体的各个器官快速长大，各生理系统及功能也不断地发育成熟。而锌元素是宝宝成长所必需的一个重要微量营养元素，我们可以从 5 个方面具体了解它对宝宝生长发育所起的作用：

1 如果宝宝的锌供给充足，可维持其中枢神经系统代谢、骨骼代谢，保障、促进宝宝体格生长、大脑发育、性征发育及性成熟的正常进行。

2 锌能帮助宝宝维持正常味觉、嗅觉功能，促进宝宝食欲。

这是因为维持味觉的味觉素是一种含锌蛋白，它对味蕾的分化及有味物质与味蕾的结合有促进作用。一旦缺锌时，宝宝就会出现味觉异常，影响食欲，造成消化功能不良。

3 提高宝宝的免疫功能，增强宝宝对疾病的抵抗力。

锌是对免疫力影响最明显的微量元素，具有直接抗击某些细菌、病毒的能力，从而减少宝宝患病的机会。

4 参与宝宝体内维生素 A 的代谢，对维持正常的暗适应能力及改善视力低下有良好的作用。

5 锌还可以保护皮肤黏膜的正常发育，能促进伤口及黏膜溃疡的愈合。

什么情况下需要给宝宝补锌

锌与其他微量元素一样，在人体内不能自然生成，由于各种生理代谢的需要，每天都有一定量的锌排出体外。因此，需要每天摄入一定量的锌以满足身体的需要。如果宝宝常出现以下不同程度的表现，可能就存在缺锌或者锌缺乏症：

1 短期内反复患感冒、支气管炎或肺炎等。

2 经常性食欲缺乏，挑食、厌食、过分素食、异食（吃墙皮、土块、煤渣等），婴儿常表现喂养困难、明显消瘦。

3 生长发育迟缓，个头矮小（不长个），第二性征发育不全或不发育。

4 易激动、脾气大、多动、注意力不能集中、记忆力差、学习往往落后，甚至影响智力发育。

5 视力低下、视力减退，甚至患有夜盲症，暗适应力差。

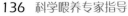

6 头发枯黄易脱落，佝偻病时补钙、补维生素D效果不好。

7 经常性皮炎、痤疮，采取一般性治疗效果不佳。

如果出现这些情况，你应及时带宝宝到有条件的医院进行头发或血液锌测定。在确定诊断的基础上，及早给宝宝补锌。

当然，在保证质量的前提下，产品口感好、宝宝乐意接受，且价格适当，也是权衡和选择锌的条件。

如何用食物给宝宝补锌

充足和均衡的营养供给是防治宝宝缺锌的关键。你首先要改善宝宝的饮食习惯，设法帮助宝宝克服挑食、偏食的毛病。在膳食食谱中添加富含锌的天然食物，比如：海产品（海鱼、牡蛎、贝类等）、动物肝脏、花生、豆制品、坚果（杏仁、核桃、榛子等）、麦芽、麦麸、蛋黄、奶制品等。一般禽肉类，特别是红肉类动物性食物含锌多，且吸收率也高于植物性食品；粗粉（全麦类）含锌多于精粉；发酵食品的锌吸收率高，应多给宝宝选择。

菠菜等含植物草酸多的蔬菜应先在水中焯一下，再加工后进食，以防干扰锌的吸收。

如何正确选择补锌药品

有时候宝宝缺锌的症状表现明显的时候，可能会需要用药物来补锌，你在给宝宝选择补锌产品时应注意以下几个方面：

*认准品质

首选有机锌（乳酸锌、葡萄糖酸锌、醋酸锌等）。与无机锌（硫酸锌、氯化锌等）相比较，有机锌对胃口刺激较小、吸收率高。目前有些经生物技术转化的生物锌制剂把锌与蛋白有机地结合起来，锌吸收率更高，不良反应更小，如能买到，可优先选择。

*看好含量

要看产品说明书上标定的元素锌的含量，这是计算宝宝服锌量的标准，而不是看它一片（袋）总重量是多少。元素锌含量的多少也是该补锌产品的效能标志。

*避开钙、铁、锌同补的产品

过多的钙与铁在体内吸收过程中将与锌"竞争"载体蛋白，干扰锌的吸收，需要补钙、补铁的患儿要与锌产品分开服用，间隔时间长一些为好。

计算好用量，疗程要适当，补锌不是越多越好，补锌剂量以年龄和缺锌程度而定，不可过量。在计算补锌计量时不要超过国家推荐的锌摄入标准，还要去除宝宝每天膳食的锌摄入量。对于喂养困难而缺锌不严重的宝宝也可首先给予补锌产品（量不可太大），一旦食欲改善后可添加富含锌的食物，减少补锌产品用量。

补钙最好从食物着手

服用钙剂补钙，补到宝宝2岁时就可以了，2岁后最好通过食物来满足宝宝成长发育所需要的钙质。

只要坚持平衡膳食的原则，如每天喝1~2杯牛奶，再加上蔬菜、水果和豆制品中的钙，已经足够满足人体所需，不需要另外再补充钙片。

如果盲目给宝宝吃钙片，反而可能造成宝宝体内钙含量过高，会引起血压偏低，增加日后患心脏病的危险；尿液中钙浓度过高，在膀胱中容易形成结石，给尿路埋下隐患，如果同时摄取维生素D，肝、肾等器官都会像骨骼一样"钙化"，后果非常严重。另外，体内钙水平过高，会抑制肠道对锌、铜、铁等微量元素的吸收。

而以膳食来补钙不会出现上述反应，所以2岁以后的宝宝以食物补钙为佳。含钙多的食物有牛奶、核桃、猪排骨、青菜、紫菜、芝麻酱、海带、虾皮等，在烹调上要注意科学性，增加钙的摄入。

怎样把握宝宝进餐的心理特点

宝宝偏食、挑食，很多时候是因为你没有把握他进餐的心理特点造成的。宝宝进餐时有以下心理特点，你都要了解。

* 模仿性强

易受周围人对食物态度的影响，如父母吃萝卜时皱眉头，幼儿则大多拒绝吃萝卜；和同伴一起吃饭时，看到同伴吃饭津津有味，他也会吃得特别香。

* 好奇心强

宝宝喜欢吃花样多变和色彩鲜艳的食物。

* 味觉灵敏

宝宝对食物的滋味和冷热很敏感。大人认为较热的食物，宝宝会认为是烫的，不愿尝试。

* 喜欢吃刀工规则的食物

对某些不常接触或形状奇特的食物，如木耳、紫菜、海带等常持怀疑态度，不愿轻易尝试。

* 喜欢用手拿食物吃

对营养价值高但宝宝又不爱吃的食物，如猪肝等，可以让宝宝用手拿着吃。

* 不喜欢吃装得过满的饭

喜欢一次次自己去添饭，并自豪地说："我吃了两碗（三碗）。"

家长要把握宝宝进餐的心理特点，才能做出宝宝爱吃的佳肴，促进宝宝的健康成长。

挑食的宝宝吃饭容易情绪紧张。宝宝的心情紧张，会使交感神经过度兴奋，从而抑制胃肠蠕动，减少消化液的分泌，产生饱胀的感觉。所以在进餐时要给宝宝一个宽松、自然的环境。

宝宝胃口不好是怎么回事

有些宝宝总不好好吃饭，一碗饭吃两口就不吃了，为什么宝宝胃口不好呢？

* 宝宝进食的环境和情绪不太好

不少家庭没有宝宝吃饭的固定位置；有些家庭没让宝宝专心进餐；还有些家长依自己主观的想法，强迫宝宝吃饭，宝宝觉得吃饭是件"痛苦"的事情。

* 宝宝肚子不饿

现在许多父母过于疼爱宝宝，家里各类糖果、点心、水果随便让宝宝吃，宝宝到吃饭的时候就没有食欲，尤其是饭前1小时内吃甜食对食欲的影响最大。

* 饭菜不符合宝宝的饮食要求

饭菜形式单调，色、香、味不足，或者是没有为宝宝专门烹调，只把大人吃的饭菜分一点儿给宝宝吃，饭太硬，菜嚼不动，使宝宝提不起吃饭的兴趣。

* 一些疾病的影响

如缺铁性贫血、锌缺乏症、胃肠功能紊乱、肝炎、结核病等，都会使宝宝食欲下降，这些病要请医院的医生帮助诊断并进行相应的治疗。

对于胃口不好的宝宝，家长应在教养方法、饮食卫生及饮食烹调等方面试着进行些调整，观察一下效果。在调整进食方式上不要操之过急，但也不能心太软，一定要逐步做到进餐的定时、定点、专心与温馨气氛。

为什么不要强迫宝宝进食

父母总想让宝宝多吃些，有的父母看到宝宝不肯吃饭，就十分着急，软硬兼施，强迫宝宝进食，殊不知这会严重影响宝宝的发育。

1 为了避免父母的责骂，宝宝在极不愉快的情绪下进食，没有仔细咀嚼便硬咽下去，宝宝根本感觉不到饭菜应有的可口香味，对食物毫无反应，久而久之，就会厌烦吃饭。

2 宝宝在惊恐、烦恼的心境下进食，即便把饭菜吃进肚子里，也不会把食物充分消化和吸收，长期下去，消化能力减弱，营养吸收造成障碍，更加重拒食，影响宝宝正常的生长发育。

3 强迫宝宝进食，往往会造成宝宝反感，甚至把吃饭当做一种负担，害怕吃饭，不利于宝宝养成良好的进餐习惯。

一般来说，宝宝吃多吃少，要由他们正常的生理和心理状况决定，绝不能以爸爸妈妈的主观愿望为准强迫宝宝吃饭。此外，让宝宝保持愉快的情绪进餐尤为重要，只有愉快地进餐，才有利于唾液和胃液的分泌，容易消化，对宝宝的脾胃比较好。

宝宝说话滞涩怎么办

有时宝宝想说什么，但说不出来。宝宝有好多话想说、想聊。这个也想告诉妈妈，那个也想讲给妈妈听，可是话不能流畅地说出来，第一句话就堵住了。他拼命努力，急于把话说出来，可是，结果恰好相反，越着急越讲不出话来。

在这种时候，妈妈越是催他快说，说清楚，他越发紧张，也就更不能流畅地说出来了。这是由于他有意识地努力去讲的结果。催促的效果，适得其反。

语言贵在自然地脱口而出。有意识地努力去讲，就会变得不自然起来，因而不可能讲得好。切忌说出会引起宝宝心理紧张的语言，要为宝宝建立不着急、心情舒畅的谈话气氛，也就是要耐心地等待。因为在宝宝的头脑里，想说的话很多，可是"表达技术"尚未充分地掌握。2岁以后的宝宝，大多容易陷入这种状态。

这种情况，极其类似于众多乘客一下子涌到狭窄的检票口，当然会出现堵塞现象。这种现象被称做"语言滞涩"，与口吃有所区别。

在这种状态下，如果以催促或性急的态度对待宝宝，会加强他的心理紧张程度，最后把他逼成真正的口吃。可以在不抢先的情况下，对他讲的话加以补充。重要的问题在于用宽容的态度耐心地等待，高高兴兴地听他讲的内容。

带宝宝到游乐场所要注意安全

父母在带宝宝到游乐场所游玩时要注意安全，主要的注意点有：

1 要先检查一下游戏的设备是否安全，如滑梯的滑板是否平滑，秋千的吊索是否牢固，是否有锐利的边缘或突出物。

2 如果是新修过的设备，要检查油漆是否已干，安装是否结实，如转椅、荡船要先空转或空摇试一试，再让宝宝使用。

3 宝宝在游戏前，父母要简单地告诉他几条安全注意事项，如手要抓牢、脚要蹬稳、注意力要集中等。

4 宝宝的衣服一定要舒适简单，不要给宝宝穿有腰带或者很多装饰的服装，以免快速下滑或旋转时，衣服被挂住而造成危险。

5 大宝宝在参加刺激性较大的游乐项目时，要按管理人员的要求系好安全带。

婴幼儿的视力发展

＊分龄＋阶段分析婴幼儿的视力发展

国内近视人口快速增加，近视年龄也逐年降低，调查发现小学一年级大约4个就有1个近视，视力的保健要从出生开始，家长必须了解每个阶段宝宝应有的视力发展，并且能随时注意及观察，做好预防保健，才能避免宝宝提早成为近视一族。

＊新生儿两眼茫茫，5~6岁视力才能达 0.7~1.0

刚出生的宝宝由于视网膜黄斑部发育还未完善，所以视力很不好，只能够感觉到明暗，而且也只能看到很贴近眼前的事物，要等到黄斑部发育完善，视力才会建立起来。

1岁的宝宝，视力大概只有0.2，3岁时也只达到0.5~0.8。视力发展主要和脑部的视神经发育有关，眼球只不过是接收光线以及成像的工具罢了，因此，视力的发展要发育完成，必须等大脑的视觉中枢发育成熟，宝宝大约在出生6个月时，眼球的大小为成人的2/3。五六岁时就大致定型，视力才能达到0.7~1.0的目标。

＊婴幼儿远视，7岁恢复正常

此外，新生儿因为眼轴较短，所以会有不同程度的远视，这是很正常的现象，一般很少超过3~4个屈光度，这是因为新生儿的水晶体接近球形，同时角膜的曲度较大，睫状肌力量也较强，所以屈光能力比成人强。父母不需特别担心，随着宝宝眼球的不断发育，远视自然会逐渐减少，通常到7岁左右，度数就会接近正视眼，也就是没有近视或远视。

＊各阶段宝宝视力发展状况

小宝宝没办法自我表达出视力好与坏，所以视力的评估其实可靠性并不高，医师建议3岁以下的婴幼儿，父母最好在每个阶段以客观的观察，初步判断宝宝的反应是否有异常或延迟的现象。从0~6岁，宝宝视力发育会有以下的表现：

0～1个月宝宝

● 刚出生的宝宝视力很差，只有光感，也只能聚焦在眼前20~30厘米的东西，周遭的事物对他而言是一片朦胧。

● 眼球呈不协调而无目的的运动。

● 此阶段对颜色还没有感觉。

● 对光线、形象简单，黑白分明，会动的东西有一些反应；对强光会有闭眼反应，用光刺激，会有直接及间接的瞳孔反应，不过反应比较慢。

2个月宝宝

● 宝宝眼睛已可以随着移动的物体而运动，并开始学习协调眼球运动。

● 容易引起会聚反射，也就是将东西拿近，引起两眼向内聚。

● 开始有立体感，两眼一起看的时候，会有远近和深度的感觉。

● 出现保护性的眨眼反射。

4个月宝宝

● 视网膜黄斑部中心凹的发育大致完成，眼睛已能够分辨眼前物体的形状以及鲜艳的颜色。

● 眼手协调开始，能看自己的手，有时候也会用手触摸所看见的物体。

● 能稳定地注视目标，眼睛可随着小玩具移动，头也会随之移动。

● 妈妈可以拿着颜色鲜艳的玩具，左右慢慢地移动，让宝宝眼睛也跟着移转。

注意！如果视力发育有障碍，不能稳定地注视，会出现眼球震颤。

6个月宝宝

● 眼外肌开始出现协同作用，能正确地控制眼球运动；两眼可以比较长时间地注视一个物体。

● 能够在较远距离看到较小的目标。

● 眼睛有调节作用，物体靠近眼睛时会有眼球内聚及缩瞳反应。

● 眼手协调也更加熟练，可以靠近及抓住物品，或将东西放入口中。

● 眼睛与身体开始协调，开始学习控制身体在空间的运动。

注意！6个月以上的宝宝

如果有斜视问题，必须及早矫正，并定期追踪检查，以免影响双眼视觉的发育。

8个月宝宝

● 已经能够伸手拿取自己想要的东西，有稳定的固视。

● 开始学爬，眼和身体的协调有进一步发展；并且会判断距离，设定目标后，会移动去拿取。

● 已经明了自己与其他东西的位置，也知道大小、形状和位置的不同。

1岁宝宝

● 两眼可同时对准目标，也能调整自己的姿势，以便看清楚想看的东西；手眼协调也较顺利。

● 眼、手、身体的协调可以让宝宝正确地接和丢东西；视力与微细运动能够协调，可以处理更小的物品，也会用手指喂食。

● 开始走路时，可用眼睛去指挥协调身体的肌肉群，指挥整个身体的运动。

2岁宝宝

● 走路时可以躲开障碍物。

● 已经有深度的知觉，能区分远处与近处的东西。

● 视线跟得上快速移动的东西。

3岁宝宝

● 视觉比较敏锐，喜欢观察。

● 会借由眼睛来引导手的动作，眼手协调更好。

＊导致视力障碍的因素

看书姿势＆光线：

● 离书本很近，或者趴着看书，会造成睫状肌处于紧张状态（看近的东西时睫状肌会让水晶体变厚，如此才可对焦），时间久了就容易失去调节功能，也就产生了近视，也容易造成头痛。

● 躺着看书时，光线很容易不足，眼睛会不自主地用力阅读，也就容易造成近视。

● 桌椅的高度方面，如果与孩子身形比例相差太多时，也会引起孩子阅读距离过近的问题。最好让孩子从小就养成离书本35厘米的阅读距离，如果是看计算机则需离得更远一些。

● 书本文字字体要够大，印刷也需清晰。光线方面不要只开一盏灯，上方的大灯也需打开！

＊宝宝3岁开始接受视力检查

视力发育异常必须及早筛检，若等到上小学才发现，往往会错过矫正的黄金期，医师建议宝宝3岁时，父母应该带到眼科接受第一次的视力检查，如果检查结果正常，后续可以每半年到一年作1次检查，若发现有异常，必须积极进行矫正治疗。

现在小朋友不像以前有频繁的户外活动和较大的空间，现代家庭空间小，父母时间有限，所以看电视、玩计算机，几乎成为小朋友重要的一项娱乐，所以近视比例逐年升高，年纪也不断降低，甚至还未上学就已经近视。

父母要特别注意，当3岁孩童的最佳矫正视力（非裸视）小于0.5、4岁孩童的最佳矫正视力（非裸视）小于0.6、5岁孩童的最佳矫正视力（非裸视）小于0.7或6岁孩童的最佳矫正视力（非裸视）小于0.8时，应注意可能有弱视的问题。

护眼必须从出生开始

家长除了定期让孩子接受视力检查之外，更要重视视力的保健以预防近视提早发生，孩子的视力保健要从出生后就开始，以下几个原则可以给父母们参考：

1 多从事户外活动，接近大自然。

2 饮食要均衡，婴幼儿主要从母乳或牛奶中获得营养，开始吃副食品时，必须让宝宝有均衡的营养摄取，多吃不同颜色的蔬菜、水果，以得到足够的护眼营养素，并且有充分的休息、适当的运动，达到保健的目的，不需特别额外补充叶黄素或鱼油。

3 只要戴得住眼镜，其实小小孩最好也能配戴太阳眼镜，并且避免在紫外线最强的中午外出，以免眼睛受紫外线伤害。

4 对于弱视的小朋友须配合医嘱配戴眼镜或进行遮眼治疗、弱视训练。

视力发展会影响宝宝的专注力与学习力，家长不可忽视，多注意，多观察，并让孩子建立良好的饮食与生活习惯，避免长时间阅读、看电视、看计算机，多带孩子从事户外活动，才能呵护宝宝的心灵之窗，以免错过矫正视力的黄金时期，无法矫治。

如何纠正宝宝的不良习惯

* 掏耳

有时当耳道内的耵聍（俗称"耳垢"、"耳屎"）刺激皮肤，耳内真菌感染或湿疹病变等引起耳内发痒时，不少宝宝随手取来火柴棒、发夹，或用又脏又长的指甲，在耳内盲目地乱掏。有时不小心会将耳道皮肤戳破，引起皮肤破损、出血，这些工具上的细菌就乘机侵入耳道内，引起感染、发炎，耳内会发生肿胀、疼痛，形成化脓性疖肿。少数宝宝还可能将耳道深部的菲薄鼓膜刺破，造成中耳腔内感染，脓液流个不断。时间一长，还会影响宝宝以后的听觉功能。简单的掏耳动作会造成严重的后果。

* 挖鼻

不少小朋友在闲着没事做的时候，好将手指伸进鼻腔内挖个不停。这是一个不好的习惯。因为在鼻腔黏膜下，有着很丰富的血管，它们互相交叉成网状，成为血管丛。鼻黏膜是很薄的一层组织，一旦有剧烈的挖鼻动作，容易将鼻黏膜挖破，导致血管破损，不时地流血，少不了由父母陪着去医院就诊，增添不少麻烦。少数宝宝还会因挖破鼻黏膜而引起感染、发炎。

* 揉眼

当灰尘、沙子飞入眼内时，顿时会引起眼内疼痛、流泪、睁不开眼。有的幼儿马上就用手来揉眼，这样做不但祛除不了眼内异物，反而会使异物在角膜上越陷越深，角膜破损引起细菌感染，造成眼角膜溃烂、结疤，一定程度上还会影响宝宝的视力。更为严重的是会引起眼球感染、失明和摘除眼球，那将是一个多么严重的后果！

幼儿打鼾

＊幼儿打鼾 VS 睡眠呼吸中止

宝宝睡觉也会和大人一样鼾声雷动吗？据统计，3~12岁孩童，4个就有1个睡觉会打鼾，紧张的家长常担心孩子打鼾会不会有危险，其实大部分幼儿打鼾，只要没有合并睡眠呼吸中止问题，并不会有太大影响，父母不需过度担忧。

＊幼儿也会打鼾

打鼾不只发生在成人，幼儿也有打鼾，甚至睡眠呼吸中止的问题。睡觉会打鼾的小朋友，不一定有睡眠呼吸中止问题，睡眠呼吸中止只是打鼾问题中的一环。

鼾声雷动是如何造成的

我们的鼻子、嘴巴、喉咙等呼吸道的任何一处，只要发生阻塞，都可能造成打鼾。当气体进入呼吸道，通过阻塞的地方，这时候压力会变小，气流会变大，一旦气流流速变大，就会振动软组织，进而发出声音，就是打鼾的声音。

根据统计，3~12岁年纪的小朋友有25%会打鼾，但并非这些小朋友都同时有睡眠呼吸中止的症状，其中大概只有10%有睡眠呼吸中止情形，特别容易发生在有颅颜问题以及唐氏症的幼儿。

婴幼儿打鼾最常见的原因就出在结构上的问题，包括扁桃腺、腺样体肥大都会导致打鼾，其次是颅颜异常以及神经肌肉协调性不佳等问题造成。至于刚出生的小宝宝因为鼻子小，而容易鼻塞，所以多少会有打鼾情形，只要宝宝睡得好、长得好，就不需担心。

幼儿打鼾与遗传有关系

幼儿打鼾主要因为淋巴组织在小时候生长速度特别快，扁桃腺和腺样体长得特别大，但是小朋友脸的成长来不及跟上速度，才会造成呼吸道阻塞，这与遗传关系并不大。和遗传有一点儿相关性，应该是过敏性鼻炎或遗传到小下巴所引起的打鼾。此外，小朋友养得太胖也会增加睡眠呼吸中止的风险，胖宝宝脖子的脂肪较多，容易挤压呼吸道的空间，打鼾会较明显。

睡姿也会影响打鼾

正睡是最容易引起打鼾的睡姿，因为这种睡姿会让舌头往后倒，如果孩子扁桃腺已经比较大，加上舌头往后挤，更容易让呼吸道阻塞，打鼾症状更严重，所以家长让打鼾的幼儿采取侧睡会比较好。

单纯打鼾先观察，出现并发症须治疗

当孩子只是单纯打鼾，没有因为睡眠呼吸中止影响到睡

眠，家长只需采取观察的方式即可。但是如果孩子因为打鼾或睡眠呼吸中止而睡不好，翻来覆去，或常半夜起来尿尿，就会有一些影响。研究发现，睡眠呼吸中止与孩子的学习、认知有一定的关系，所以假如孩子合并有生长迟滞（身高、体重增加不理想）、过动或学习状况不佳等情形，就要进一步寻求医师的协助加以解决。

单纯打鼾普遍不会有健康方面的影响，例如小朋友因为

感冒、严重鼻塞，打鼾比较明显，感冒好了就会消失，类似情形家长不需太慌张。

睡眠呼吸中止会有立即性危险吗

若是长期睡眠呼吸中止，可能使心脏、肺脏的负荷增加，进而导致高血压、肺心症等严重并发症，这时候必须就医接受治疗。

睡眠呼吸中止是否有立即性的危险，必须要看程度，如果问题严重，会担心血氧降太低而导致缺氧，甚至因窒息而死亡，较少数小朋友会有此严重窒息甚至死亡的并发症，多数小朋友不会有立即生命危险，但长久下来可能会影响到孩子的心肺功能。

＊依症状作治疗

大部分幼儿打鼾不需特别治疗，父母只要观察有无睡眠呼吸中止的情形，必要时经由耳鼻喉科医师进行详细检查，并评估适当的治疗方式，如果症状轻微，而且不影响生长、睡眠、学习和情绪，多不会有太大问题。

家长的观察重点

是打鼾，还是睡眠呼吸中止？最准确的检查是进行睡眠呼吸功能检查，不过要让幼儿在睡眠功能检查室睡一晚，配合完成这项检查是很困难的。

专家建议，家长可先采取最简单的方式，即持续观察小朋友睡觉达 1 小时时间，并注意是否有很大的打鼾声，接着出现不呼吸情形，且持续 10 秒以上，这种情形只要发生一次，就代表有睡眠呼吸中止的问题，而如果同时发现孩子嘴唇发绀，表示有缺氧现象，必须积极就医，接受进一步评估。

医师的评估检查

就医后，首先应请耳鼻喉科医师作详尽的头、颈部检查，包括：

● 评估是否有鼻塞、鼻炎、鼻中隔弯曲或过敏性鼻炎造成大量鼻涕阻塞。

● 腺样体、扁桃腺是否过于肥大而容易阻塞呼吸道。

● 舌头是否太大。

● 下巴会不会太小。

● 牙齿是否有咬合方面的问题。

上述初步的检查主要采取光照方式进行，若无法作确认，

可进一步使用鼻咽内视镜检查，或进行颈部 X 光检查，看腺样体是否肥厚，或呼吸道是否有异常。

根本解决之道，手术切除扁桃腺或腺样体

幼儿打鼾并同时有睡眠呼吸中止问题，大部分因为扁桃腺或腺样体肥大所造成，这种情形采取手术治疗，将扁桃腺或腺样体切除，可有效改善症状，是一劳永逸的解决方法，有高达八九成患儿因此得到很好的效果，体重可以正常增加，学习和注意力也明显改善。这项手术必须住院，手术进行时间约 1 小时，由于需要观察并控制术后出血问题，所以住院期间前后需要 4~5 天的时间。

扁桃腺或腺样体切除手术在耳鼻喉科算是一般的手术，主要风险在于术后的出血问题，第一个危险高峰是在刚动完手术，必须住院观察 1~2 天，没有问题再出院，第二个危险时间点是在手术后 1 星期，这时候伤口开始长好，上面黏膜开始结痂脱落，如果脱落太快，黏膜还未长好，也有可能出血，不过类似的风险概率其实非常低。

多数症状轻微，需要动手术的机会并不高

通常小于 3 岁的幼儿并不建议接受手术治疗，3~6 岁这个阶段，由于腺样体和扁桃腺长得最快，脸还来不及跟着长，打鼾情形比较严重，所以采取手术治疗多在此阶段，等再长大一些，脸已经拉长，症状有可能减轻到不需开刀的程度。

家长对于手术难免有所顾虑，幼儿打鼾只要症状轻微，没有睡眠呼吸中止问题，也没有缺氧、焦躁不安、睡不好以及影响学习能力等困扰，只需持续观察，给一点儿时间或许会渐渐改善。

幼儿打鼾绝大部分不需用到手术治疗，家长不必过度紧张，其实临床也有小朋友因为严重到无法躺着睡，而主动要求开刀解决，手术后已恢复正常的睡眠质量，所以手术并非完全不被接受。

过敏性鼻炎只需采取内科治疗

若是过敏性鼻炎引起鼻塞造成的打鼾或睡眠呼吸中止，只要采取内科治疗，将过敏情形作有效控制即可，生活中则尽量避免冰冷食物，以降低过敏发生，如果因为过度肥胖引起，只需减重就能改善。

必要时也可以使用呼吸器，其主要原理是在睡觉时，于鼻子部位戴上很轻的罩子，从空气加压器把空气加压打出，再经由鼻部的罩子注入鼻腔和喉部，这种经过加压的空气能让喉部张开，撑开狭窄阻塞的呼吸道，将空气送入到达肺部，以改善睡眠呼吸中止的情形。不过戴呼吸器比较吵，也比较不舒服，孩子顺从性并不高。

长大会不会自行改善

宝宝打鼾，长大会不会自行改善？专家表示，孩子身高、体重增加，是有可能让打鼾情形获得改善，不过必须同时了解打鼾的原因，例如只是单纯感冒或鼻炎引起的打鼾，过一阵子自然可恢复正常。依据国外研究报告指出，幼儿打鼾平均 1 年可自行改善的机会不超过 10%，概率相对不高。

打鼾和睡眠呼吸中止无法事先作好预防，除非单纯因为过敏性鼻炎或肥胖造成，才能借由控制过敏现象以及控制体重，降低打鼾发生的机会。

宝宝最爱吃的补锌饮食

✳ 花生核桃粥

材料: 大米、花生、核桃仁各50克

做法:

1 大米淘洗干净;花生洗净,切小粒;核桃仁切碎。

2 将大米和花生一起放水煮粥,煮至八成熟时放入切碎的核桃仁,用小火煮至软烂即可。

功效解析: 坚果含锌丰富,能为宝宝补充体内不足的锌元素,同时此粥也是宝宝喜欢吃的食物。

✳ 清蒸鳕鱼

材料: 新鲜鳕鱼400克,火腿末50克,葱、姜、料酒、盐、酱油、淀粉各适量

做法:

1 将鳕鱼洗净,加料酒、葱、姜、盐腌20分钟。

2 取出鳕鱼放入盘内,拣去腌过的葱、姜不用,放入葱丝、姜丝、火腿末,入蒸笼,大火蒸7分钟,取出鳕鱼。

3 将淀粉和少许酱油煮成浓稠状,淋在鳕鱼上即可。

功效解析: 清蒸鳕鱼味道鲜美且含有较丰富的锌和蛋白质。

✳ 奶香饼

材料: 面粉150克,牛奶1/2杯,黄油、盐、糖各少许

做法:

1 在面粉里加入一些牛奶和水,搅拌成稀面糊,放入少许盐和糖。

2 平底锅置火上,放入1小块黄油用小火熔化,然后放入1大匙面糊,改用中火,用勺子摊开成1个薄圆饼,煎至两面微焦即可。

功效解析: 这是一款既有营养又制作方便的早餐。

* 五彩黄鱼羹

材料：小黄鱼200克，西芹、胡萝卜、炒松子仁、鲜香菇各50克，葱、姜、盐、料酒、水淀粉、油、胡椒粉、香油各适量

做法：

1. 将小黄鱼洗净去骨，切丁；西芹、胡萝卜、香菇分别洗净，切丝。

2. 锅置火上，烧热入油，放入葱、姜煸炒出香味后，倒入适量开水，放入西芹、胡萝卜、香菇、炒松子仁和小黄鱼肉，烧至鱼熟。

3. 加入盐、料酒、胡椒粉调味，用水淀粉勾芡，淋上少许香油即可。

功效解析：鱼肉鲜嫩，西芹、胡萝卜可口滑爽。这个菜色彩丰富，外观晶莹透亮。

* 香香荸荠鸡肝片

材料：鸡肝150克，荸荠150克，料酒、葱、姜、盐、油、白糖、醋、豆瓣辣酱、淀粉各适量

做法：

1. 将鸡肝切成薄片，放入开水中稍烫，用冷水过滤，沥干，加淀粉拌匀；荸荠去皮，洗净，切薄片。

2. 鸡肝放入四成热的油锅中轻轻地滑散，待肝片一变色即捞出沥油；荸荠加入油锅，略煸炒后立即加入醋少许，再翻炒后捞出备用。

3. 锅里加少量油，将葱、姜及豆瓣辣酱煸炒，再放糖、醋、盐、料酒调成汁，最后把鸡肝和荸荠片倒入拌匀即可。

功效解析：这个菜富含微量元素锌，色泽金红，香味浓郁，轻酸、辣、甜，带鲜咸味，肝片滑嫩可口，荸荠片脆爽，非常适合宝宝的口味。

* 圆白菜炒肉丝

材料：圆白菜250克，瘦肉150克，红椒2只，大蒜、盐、油、味精、水淀粉各适量

做法：

1. 将圆白菜、红椒洗净切丝；瘦肉切丝，加少许盐、味精、水淀粉腌好；大蒜切成碎粒。

2. 锅置火上，烧热下油，放入肉丝炒至滑嫩，倒出待用。

3. 热锅下油，放入蒜粒煸出香味，倒入圆白菜、红椒炒至断生，加入肉丝，再加盐炒透，最后淋入少许水淀粉翻炒几下即可。

功效解析：圆白菜含锌丰富，还含各种维生素和抗坏血酸等，具有润燥补虚的功效，对因缺锌引起的宝宝消化不良、消渴之疾有特效。

＊莴笋炒香菇

材料：莴笋250克，水发香菇50克，白糖、盐、酱油、胡椒粉、水淀粉、花生油各适量

做法：

1 将莴笋去皮，洗净，切片；香菇去蒂洗净，切片。

2 锅置火上，放入花生油烧热，倒入莴笋片和香菇片，煸炒几下，加入酱油、盐、白糖，入味后放入胡椒粉（视宝宝口味，如果不喜欢就不要放），用水淀粉勾芡，翻几下，出锅即可。

功效解析：莴笋所含矿物质比其他蔬菜高5倍，对宝宝缺锌引起的消化不良、厌食等症有很好的疗效。香菇也是含锌丰富的食物。

＊萝卜番茄汤

材料：胡萝卜1根，番茄1个，鸡蛋1个，姜丝、葱花、油、盐、白糖、清汤各少许

做法：

1 将胡萝卜、番茄去皮切厚片。

2 锅置火上，烧热下油，倒入姜丝煸炒几下后放入胡萝卜翻炒两分钟，加入清汤，中火烧开，待胡萝卜熟时，放入番茄，加入盐、白糖，把鸡蛋打散倒入，撒上葱花即可。

功效解析：番茄和胡萝卜都含丰富的胡萝卜素及矿物质，是缺锌补益的佳品，番茄还有清热解毒的作用，对宝宝疳积有一定疗效，而且酸酸甜甜适合宝宝口味。

宝宝最爱吃的补钙饮食

＊豆浆红薯泥

材料：红薯 50 克，豆浆 3 大匙

做法：

1 将红薯削皮，蒸熟后，用汤匙研成泥。

2 在红薯泥中加入豆浆调匀即可。

功效解析：豆浆含丰富的蛋白质、钙，红薯含丰富的维生素，营养丰富又适合宝宝口味。

＊蒸豆腐

材料：豆腐 100 克，青菜叶 2 片，熟鸡蛋黄 1 个，淀粉、盐、葱末、姜末各少许

做法：

1 将豆腐煮一下，放入碗内研碎；青菜叶洗净，用开水烫一下，切碎后也放入碗内，加入淀粉、盐、葱末、姜末搅拌均匀。

2 将豆腐做成方块形，再把蛋黄研碎撒一层在豆腐表面，放入蒸锅内用中火蒸 10 分钟即可。

功效解析：豆腐含钙丰富，还含丰富的蛋白质、碳水化合物，非常适合宝宝食用，吃起来又滑又嫩。

＊鳕鱼牛奶

材料：鳕鱼肉 100 克，牛奶 2 杯，盐少许

做法：

1 将鳕鱼肉洗净，捣碎。

2 将鱼肉放在小锅里加牛奶煮制，煮熟后加入少许盐调味即可。

功效解析：鳕鱼与牛奶都含钙丰富，绝对是宝宝补钙的不二之选，而且味道也很好。

＊香香骨汤面

材料：猪或牛胫骨或脊骨 200 克，龙须面 100 克，青菜 50 克，盐、米醋各少许

做法：

1 将骨砸碎，放入冷水中用中火熬煮，煮沸后酌加米醋，继续煮 30 分钟。

2 青菜洗净，切碎，待用。

3 将骨弃之，取清汤，将龙须面下入骨汤中，青菜加入汤中煮至面熟，加盐调味即可。

功效解析：骨汤含钙，同时富含蛋白质、脂肪、碳水化合物、铁、磷和多种维生素，可为正在快速增长的 1 岁以上宝宝补充钙质和铁，预防软骨症和贫血。

＊奶酪粥

材料：干酪适量，米饭 20 克，奶酪 1 小片

做法：

1 将干酪切碎；米饭淘洗干净，与干酪一起入锅加适量水煮。

2 煮至黏稠时放入奶酪，奶酪开始溶化时将火关掉。

功效解析：奶酪的营养价值很高，内含丰富的蛋白质、脂肪、矿物质和维生素及其他微量成分等，对人体健康大有好处。干酪中含有大量的钙和磷，这些都是形成骨骼和牙齿的主要成分。

＊芹菜豆腐干

材料：嫩芹菜 150 克，豆腐干 50 克，黄豆芽汤、葱、姜、油、盐、酱油、水淀粉和香油各适量

做法：

1 芹菜择去叶，洗干净，切成小段；豆腐干切成薄片。

2 芹菜、豆腐干放入沸水锅中焯透捞出，沥干水待用。

3 锅置火上，放油烧热后，下葱、姜炝锅，随即加入酱油，倒入豆腐干、芹菜煸炒几下，加入适量盐，再加入黄豆芽汤略煨一下后，用水淀粉勾芡，淋入少许香油即可。

功效解析：芹菜和豆制品都是含钙丰富的食物，宝宝常吃既营养又利于消化吸收。

＊木须肉

材料：猪肉 100 克，鸡蛋 2 个，黑木耳 10 克，料酒 1 大匙，酱油 1 大匙，油、盐、淀粉各适量

做法：

1 猪肉洗净切丝，放入碗内加入料酒、适量蛋清、盐和淀粉拌匀备用；木耳洗净切丝。

2 锅烧热，多放些油烧热，把肉丝放入煸炒至熟，倒入鸡蛋炒熟，再放入木耳丝，最后放入酱油和适量水，调好口味，翻炒匀透，装盘即可。

功效解析：这道菜味道鲜美，营养丰富，特别适合蛋白质缺乏、热量不足、缺钙、缺铁及缺维生素 A 的宝宝食用。

✳ 鲜奶鱼丁

材料： 净青鱼肉 150 克，蛋清 1 个，盐、白糖各少许，葱姜汁、牛奶、熟精制油及水淀粉各适量

做法：

1 将鱼肉洗净，剁成泥，放入适量葱姜汁、盐、蛋清及水淀粉，搅拌均匀。

2 将拌好的鱼肉放入盆中上笼蒸熟，使之成鱼糕，取出后切成丁状，待用。

3 炒锅置火上，放入少许熟精制油，烧熟后将油倒出，往锅内加少许清水及牛奶，烧开后加少许盐、白糖，然后放入鱼丁，烧开后用水淀粉勾芡，淋少许熟精制油即可装盆。

功效解析： 此菜肴奶香味十足，且鱼丁鲜嫩、色泽白洁，十分吸引宝宝。

✳ 凉拌鸡丝

材料： 鸡胸肉 200 克，小黄瓜 1 根，粉丝 1 把，芝麻酱 1 大匙，酱油 1 大匙，香油 1 小匙，糖 1 小匙，盐、胡椒粉少许

做法：

1 将鸡胸肉抹上少许盐和胡椒粉，放在大盘子上，盖上保鲜膜，放入微波炉用高火 3 分钟蒸熟，放凉，撕成细丝备用。

2 小黄瓜切细丝；粉丝用热水泡软，沥干，铺在盘子上。

3 将黄瓜丝放在粉丝上，再放上鸡肉丝，最后将所有调味料调成酱汁淋在鸡丝上即可。

功效解析： 既好吃又清爽，能充分发挥营养、美味的双重功效。

✳ 菠萝鸡片

材料： 鸡胸肉 200 克，菠萝 100 克，小黄瓜 1 根，红柿子椒 1 只，水淀粉、油适量

做法：

1 鸡胸肉切片并用水淀粉搅拌；菠萝去皮，切片；小黄瓜与红柿子椒洗净切片，氽烫后备用。

2 锅置火上，放油烧热，加入鸡肉炒至八分熟，再加入小黄瓜、红柿子椒、菠萝片拌炒至熟即可。

功效解析： 将菠萝入菜，不但

可以使鸡肉的口感更嫩，其特殊的香味也会激发宝宝的食欲。

＊酸甜萝卜

材料： 白萝卜（胡萝卜）适量，白醋、白糖、盐各适量

做法：

1 将白萝卜（胡萝卜）切薄片，放在一个可以密封的容器里，比如有盖的广口瓶子或饭盒里。

2 将白醋、白糖、盐和白开水混合，加入容器中，盖过萝卜。

3 将容器盖好盖，放入冰箱，1~2 天后就可以吃了。如果味道不够就多泡 1 天。味道可以根据自己的口味调整。

功效解析： 自制酸甜萝卜，使宝宝食欲大增。

＊樱桃小丸子

材料： 肉馅 200 克，番茄酱 50 克，蛋清 2 个，姜末、淀粉、酱油、油、糖、料酒、香油、香菜丝各适量

做法：

1 肉馅加料酒、蛋清、姜末和少许香油，搅匀，再加淀粉，搅匀，做成小丸子。

2 锅内放油，油温热后（不要太热，容易炸煳）放小丸子进去炸成金黄色，取出沥油。

3 锅内留少许油，倒入番茄酱，翻炒，再加少许酱油和糖，酱开后，加一点水淀粉勾芡，使酱黏稠，倒入炸好的小丸子翻炒，使酱汁均匀包裹在丸子外面。

4 熄火，装盘，最后可在表面撒些香菜丝（增香又添色）。

功效解析： 此丸子营养丰富，味道独特，外观美丽，有利于增强宝宝的食欲。

＊鲜奶玉米糊

材料： 速溶玉米片 100 克，猕猴桃 1 个，葡萄 50 克，鲜奶 1 杯

做法：

1 将所有水果洗干净、去皮、去子后切成小丁。

2 将玉米片放在碗中，加入准备好的水果丁。

3 加入鲜奶即可。

功效解析： 营养美味的玉米片加上软质鲜果不仅可以调味，提升营养，而且也能给宝宝带来新鲜感。

从日常生活开始，把决定权留给孩子

研究发现，习惯听从安排的孩子较缺乏主动竞争力，因此许多教育专家纷纷鼓励家长应及早培养孩子的自主性，面对眼前似懂非懂的小孩，到底该如何适当给予决定权？

迷思篇——为什么父母非要为孩子作决定

东西方家长对于孩子的教养观念差距极大，西方家长普遍能够尊重孩子的个别差异性，愿意给予孩子独立及发挥创意的空间；反之，东方家长权威感较重，在传统观念上大多以培养成"乖孩子"为教养原则，加上对孩子怀有强烈的保护心态，因此不容易放手给予孩子做主的权利。

＊为什么要让孩子掌握决定权

时代快速转变，总是习惯听从父母安排的孩子，很可能会因此影响生活能力，进而导致缺乏社会竞争力，为此父母更应该学习尊重孩子的想法，放手将决定权交还给孩子。

＊父母的期望≠孩子的未来

父母总是希望孩子将来能过着更优越的生活，身家背景较好的家长所能提供的学习资源较丰富，自然对孩子怀有更高的期望值；身家普通或是生活水平较低的家庭，父母则多半抱持希望孩子将来比自己更优秀的想法。

虽说父母总是为了孩子好，但是过度将自己的期望投射在孩子身上，或是强迫孩子以大人的标准为准则，有时不见得恰当，毕竟孩子不是父母的资产，每个人都应该是独立发展的个体，不应该以父母的期望决定孩子的未来。

＊每个孩子都应该做自己的主人

家里有两个孩子以上的父母应该更能了解，每个孩子的个性、喜好不尽相同，若是硬要将同样的标准套用于不同的孩子身上，不一定能产生相同的结果。

蒙特梭利的教育理念主张尊重每个孩子的自主意识，让孩子从小学习做自己的主人，父母、师长应退居旁观者及辅导者的角色，从观察孩子的行为、动作了解他的兴趣及喜好，适当地引导及鼓励孩子，让孩子顺着自己的天赋能力发展，远比做他不擅长或不喜欢的事情来得有成效。

＊拥有自主意识的孩子更愿意主动学习

从蒙式教学的经验中不难发现，若孩子能够为自己做主，例如选择自己喜欢的教具、决定自己投入教具的时间……从这些作决定的过程中自然产生的强烈学习动机，可使孩子展现出性格中的主动性，愿意维持学习兴趣，注意力自然就会提高。

若能在学龄前激发出孩子内在主动积极的性格，这项特性将成为往后进入团体生活后最有利的社会能力。

＊让孩子学习安排自己的生活

常听到小孩甚至是成人抱怨："好无聊哦"。会产生这样的情绪，表示他其实无法好

好安排自己的生活!

一个惯于听从安排的孩子较常表现出性格中的被动面,被动的孩子会慢慢地失去思考问题、安排计划的能力,失去探索世界的勇气及兴趣,一旦没有人提供意见或是从旁督促,他完全不知道自己接下来该做什么。

身为父母不妨好好思考,你是让孩子一辈子都依赖他人为自己作决定,接受别人的安排?还是你给予孩子机会,让他从小学习安排自己的生活?

* 培养孩子负责任的态度

有些人惯于指责他人,总是把自己的行为责任往外推,学习成绩不佳是因为老师的教导能力差,工作绩效不佳是因为得不到上司的器重,夫妻感情不睦是因为配偶不够贴心……如果一个人能为自己负责,不但不会动不动就将错误推给别人,也能够更积极寻求对应方法,而负责任的态度是可以从小培养的。

给予孩子学习作决定的机会,背后更深刻的意义是培养孩子成为一个能为人生负责的

成年人,父母在给予孩子自主权的同时,别忘了要教育他,能为自己做主,就要为所作的决定负责任。

* 尊重孩子是建立良好亲子沟通的基础

即使是牙牙学语的小宝宝也会拥有不同于他人的自我意识,从孩子口中说出的童言童语绝对都是对他别具意义的"大事",若父母愿意用心倾听孩子真正的想法,重视并支

持孩子去做他想做的事情,就能使孩子产生安全感,进而建立自信。

尊重孩子的决定是减少亲子敌对的好方法,当孩子的想法受到肯定与支持,对于父母的信任及安全感肯定有加分作用,若亲子间彼此相互信任,无疑可使家庭气氛更为和谐。一个从小受到父母尊重的孩子,对外也较愿意尊重他人、尊重环境,因此尊重孩子也是培养孩子正向人格的关键。

●吃情境　2岁的奇奇每次吃饭都要跟妈妈上演僵持战，不管妈妈煮什么，他总是撇开头、闭紧嘴，不停大喊："不要、不要……"

＊阶段性放手，鼓励孩子学习成长

当孩子成长到2岁左右，通常会遇到人生中的第一个叛逆期，这时候他已经具有自己的想法，想控制周遭的人、事、物，却无法适当表达，因此经常出现情绪失控的难搞状态，此时正好可以作为给予孩子决定权的实验期。

孩子不吃饭，并不代表他真的不饿，或许只是吃饭的方式不被他所接受，不妨将汤匙交到他手上，让他学习自己舀饭吃，当他也能像个大人一样自己吃饭，即使仍然吃得不好，但对于孩子而言，这样的动作已满足了部分控制欲，说不定这么做孩子就愿意开口吃饭了！

●衣情境　佳佳经常在洗完澡之后吵着不肯穿上妈妈为她准备的衣服，遇到寒流来的天气，总是让妈妈又急又气！

＊鼓励孩子勇于展现自我

如果孩子因为妈妈搭配的衣服不好看而不肯穿上，其实妈妈不应该予以责怪，反而应该多加鼓励，这表示他的审美观正逐渐成形，此时不妨大胆放手给予他自行搭配服装的机会，即使他穿得不好看或是怪里怪气也不要妄加阻止，让孩子从他人的眼光中了解自己的衣着是否真的恰当，远比父母苦口婆心的建议来得有效力。

如果担心孩子挑选的款式不合时宜，可以事前先和孩子沟通讨论，或是在限定的范围内让他作决定，例如：只能穿

裙子，不能穿长裤；只能穿长袖，不能穿短袖……一起讨论衣着搭配，也是协助孩子建立自信与审美概念的好方法。

●住情境　小杰是家中的小捣蛋，每天都把家里搞得一团乱，四处都能见到散落的书本和玩具，总是让爸妈好生气！

＊请孩子担任专属空间的小小管理员

刚刚打扫完毕，过一会儿又如同战场般凌乱，这样的情况在有小孩的家庭可说是常态现象。除了让孩子建立将物品归位的好习惯，也可以在居住环境中给予孩子一个独立的房间或是一个角落，在专属于孩子的空间中，父母不多加干涉，请孩子自行负起管理责任，当孩子因为环境凌乱而没有空间进行其他事项，如睡觉、游戏……父母不要出面帮忙善后，让孩子自行想办法解决，让孩子养成为自己行为负责的观念。

●行情景　假日爸妈想带毛毛外出郊游，但是毛毛却只想和同伴一起玩耍，不断地闹

别扭不肯出门，因此让爸妈也蒙上不欢情绪。

＊共同规划亲子行程，出游更有趣

孩子长大之后会逐渐产生自己的想法，而不再时时刻刻只想跟爸妈黏在一起，此时父母应慢慢地调适心情，拿捏住尊重个人意向与维系亲子感情之间的适当分寸。

如果期望孩子开心融入亲子出游，不妨和孩子共同拟订旅行计划，或是邀约和孩子较亲近的同伴一起同行，请孩子担任小小主人的角色接待好朋友，让孩子主导部分行程，可大大提升孩子的参与乐趣。

●育情境　朵朵的爸妈希望她能学习美的技艺，活泼的朵朵却喜欢和哥哥一起踢足球，令爸妈有些困扰。

＊尊重并支持孩子的天赋能力

每个孩子的喜好与天赋不同，不应该因为在乎世俗的眼光而要孩子舍弃所爱，屈就于不擅长或不感兴趣的学习项目，杨淑君以跆拳道扬名国际、吴季刚设计出美国第一夫人万中选一的就职礼服，他们都是跳脱性别取向，在专长上获得肯定的绝佳例子。

其实不管学习什么技艺，都必须让孩子打心眼里热爱且愿意主动学习，当孩子还小的时候，可以带领孩子广泛体验各种才艺，或是帮孩子寻找学习的偶像，拥有喜好的支持与追求的目标，能帮助孩子在学习的路上保持更多的动力！

●乐情境　纬纬的爸妈买了好多对他各方面发展有益的益智玩具，可是纬纬永远只喜欢其中某些特定的益智玩具，令爸妈有些灰心。

＊不只"需要"，还要"想要"

许多疼爱孩子的父母很舍得为孩子购买玩具、教具，考虑的重点通常是对成长发展是否有益，而不管孩子是否喜欢，再好的教具玩具若不受孩子青睐，就形同废物一般。

如果你的孩子还无法以言

语方式进行沟通，可以先向亲友借来类似的物品，或是带他到益智玩具种类较多的亲子馆中亲自操作，以便直接了解孩子的兴趣所在；如果你的孩子已经能以言语沟通，那么买益智玩具前可先向他介绍并咨询他的意见，若孩子兴趣不高可以省下一笔钱，倘若孩子喜欢你所推荐的教具玩具，让他参与购买过程，则可以帮助他提高兴趣及期待感。

* 什么时候该给孩子决定权

每个孩子的成长历程不尽相同，该在什么时候给予孩子决定权，需视亲子间的相处模式及沟通状况而定。

3~5岁是孩童发展自我的第一时期，这时候在孩童心里会产生自我认同的矛盾感，父母经常可在这时候发现平常听话的宝宝怎么突然变得叛逆，此时可借由给予更多决定权来化解冲突危机，让孩子从学习决定、学习负责的过程中逐渐建立自我认同感。

* 交出决定权，父母该做好的6件事

1 调整好放手的心态。当父母从主导者退居为辅助者的角色，可能会面临对孩子信心不足、担心孩子受到伤害而产生动摇，此时父母必须要明白，越对孩子信心不足，孩子失败的机会越高，因担心孩子而不愿全然放手，不但会产生其他亲子冲突，也无法获得让孩子自由作决定的效益，因此在放手的过程中，父母首先必须调整好自己的心态，才能辅助孩子展翅高飞。

2 给予孩子绝对的安全感。当孩子获得作决定的机会，他或许能从中获得成就感，但也可能因此受到挫折，此时他最需要的是父母的支持与认同，父母若能给予孩子满满的爱、信任及安全感，可以使孩子更有勇气，这也是孩子在成长过程中绝不可缺少的精神养分。

3 事前沟通自主范围，拟订纪律处罚则给予孩子自由和为自己做主的权利，但这自由绝对不是毫无底线，也并非不需遵守纪律，为了减少过程中发生其他冲突，一定要做好事前沟通，并且拟订纪律处罚规则。

当孩子不能遵守事前的约定，或是违反纪律规范，可以将孩子暂时隔离或是停止自主权利，让他有时间及空间自我反省；也可请孩子自行负担错误结果，例如破坏物品后要求孩子进行修复，破坏空间整洁后让孩子自行打扫。

4 彻底当个不插手的配角。当父母同意让孩子作决定，此时父母所担任的角色是观察

者、引导者，应以配角的身份鼓励孩子亲自去尝试，观察孩子的工作情况，协助孩子克服困难，坚守在过程中决不插手干预的原则，让孩子透过自主的行为活动实现自我成长。

5 接受孩子的错误与失败。很多父母起初愿意给予孩子自主权，但是当孩子遭受错误、面临失败，父母会感到愤怒，甚至将孩子的失败视为自己的失败，因而感受到羞辱感，并将不欢的情绪再转嫁到孩子身上。

孩子能够发自内心地接受错误与失败，其实也是一种学习，父母千万不要在事后予以抱怨或责怪，火上加油并不能改变结果，倒不如陪同孩子一起检讨错误，引导孩子从自然结果中获得教训。

6 保留谈心时间。不管生活有多么忙碌，每天一定要保留给孩子一段谈心时间，这段时间可以是在每天说完床边故事后、帮孩子洗澡的 10 分钟、吃完饭的休息时间……重点是要以最放松、最专心的态度，分享孩子的心情与遭遇，进行无障碍的亲子沟通。

第 **7** 章

0~3岁宝宝常见疾病的饮食调养

小儿 8 大疾病照顾法

许多小儿常见的疾病，
须依赖爸妈在生活中多留意观察。
如果能正确地掌握宝宝的疾病症状，
并在适当时机予以正确的改善，
即使去医院治疗后，
回家也能拥有正确的居家照护观念护理孩子，
许多疾病的病程就能因此缩短。
爸妈先把关，让宝宝在安全、健康
的环境下成长。

症状 1 发烧

＊发烧——防卫性的正常生理反应

通常定义小儿发烧是指腋温超过37.5℃，而肛温或耳温38℃以上。人的下视丘有一个体温调节中枢系统，可以控制体温，不过宝宝的脑部下视丘未发育完全，因此特别容易受到周遭环境影响而改变体温。如果宝宝所处的空间比较闷，或特别躁动，烧到38℃以上有可能是假性发烧。不过事实上，发烧是人体的一种防卫机制，引起的原因与感染有关，当人体感染病毒时，消灭病毒过程中会引发一连串的身体免疫反应，当它执行增加白细胞数量，将不好的细菌杀光外，再者就是会有发烧反应。大多的发烧都是因病毒感染引起，由于宝宝的抵抗力较差，比较容易反复感染。而感染引起发烧的主因可分为以下3种情况：

原因1　病毒感染

占多数发烧的原因，烧的度数虽然高，不过没发烧时活动力还不错，在此爸妈也需了解，一般的发烧感冒大多属于病毒性感染，因此不需要使用抗生素治疗，原则上以症状治疗为主。

原因2　细菌感染

占较少数原因，主要特征为发烧状况一天比一天严重，且宝宝的活动力和精神不佳，细菌感染会使得病情较为复杂，需要详细评估。

原因3　外在因素

有时早晚体温不一，或者因为穿太多衣服感到闷热，甚至激烈地大哭或游戏后，以及室内外温差过大，都有可能导致体温升高的假性发烧症状。此时妈妈可15~20分钟测量一次体温，或者帮宝宝少穿几件衣服，确认是否为真发烧。若宝宝为真正发烧，常会有明显的食欲不佳、活动力变差、咳嗽、流鼻涕、异常哭闹、腹泻等症状，此时就应尽速就医！

＊宝宝发烧的居家护理法

至于量体温的正确方法，对于年纪较小的宝宝量肛温会较为准确，每次测量都固定一个地方，如果宝宝突然发烧，首先必须保持环境通风，尽量帮助宝宝排汗，多补充水分，定时量体温，专家也特别针对

宝宝的发烧居家护理法，提出以下正确的方法：

38℃以上

● 保暖，穿上衣服，多盖被子。

● 保持空气流通，尽量让空气对流。

● 排汗，有助于下降体温。

● 洗温水澡，可稍微调节体温。

● 喝水，务必多补充水分。

● 退烧贴，目前坊间很多类似的退烧贴片，对于38℃左右的发烧会有效果，但对高烧的效果有限。

高烧38.5℃以上

● 散热，此时不要给宝宝穿过多的衣物。

● 降温，用温水以类似抚

摸的方式擦拭全身。

● 服药，此时应服用医师处方开出的退烧药。

高烧39℃以上

● 冰枕，应特别留意3个月以下的宝宝不适用，因为他无法转动头部，有可能因此冻伤，若不确定是因病毒或细菌引起的发烧状况也不一定适用。

● 散热，减少衣物覆盖。

● 退烧，此时可使用塞剂。

专家特别提醒，留意发烧合并出现异常的热痉挛（抽筋、抽搐）现象，应尽速送医。不过有时家长并无法自行评估目前发烧的主因，若是脑膜炎，主要症状有嗜睡、呕吐、昏迷，则不管发烧到几度都需送医。

＊妈妈不可不知的病症延伸信息

专家针对发烧相关病症成因，提出以下解释以及居家护理法。

● 扁桃腺炎：主要症状会有发烧、喉咙痛、出脓，多是因链球菌、腺病毒或EB病毒感染导致。此时的饮食应以清淡温和为主。

● 中耳炎：主要是因细菌侵犯中耳，因为耳咽管的角度比较平，细菌特别容易进入，

外表看不出来，需由医师检查或作耳镜检查，有时会有化脓、积水、充血症状。需按时服用抗生素，也就是用来治疗细菌性感染的药物。

● 肠病毒：会发烧1~2天，且咽喉溃疡。此时可喝一点儿冰的饮料来减缓疼痛，再者可使用咽喉止痛剂（喷剂）。整个病程5~7天会好，不过这中间需留意宝宝的活动力，是否有抽搐，若有此情况需就医。

● 尿道感染：单纯发烧，不会伴随其他症状，须作尿液检查，使用抗生素，并让宝宝多喝水。

● 肺炎：症状有发高烧、咳嗽、呼吸急促，和感冒很相似，常引起的病原为病毒或是肺炎链球菌。若宝宝的痰特别多的话必须协助拍痰，头朝下屁股朝上，手掌拱起成圆碗状轻拍背部，并尽量在喝奶前拍以避免吐奶。

* 小叮咛

关于使用护理器具的正确知识

专家特别针对常用的居家护理器具提出说明如下：

● 体温计。主要有耳温枪（使用最多）、电子体温计、肛门体温计，无论使用哪种都需特别注意器具有无故障，还有使用水银肛门体温计是较不符合现代时宜，因为水银较不环保。

● 投药器。若无投药器也可使用针筒，最重要的是遵从医师指示用药剂量。

● 吸鼻器。分为手动和电动，如果状况严重可考虑使用电动型吸鼻器效果较佳。

症状 2 咳嗽

* 刺激物进入呼吸道引起咳嗽

基本上咳嗽是因为痰液或其他刺激物刺激了呼吸道上皮，引起强烈的气管反应，要将异物排出体外，所以咳嗽也不一定是因为感冒引起。但若咳嗽症状严重，放任久咳不止的话，有可能造成严重的气管炎、肺炎、过敏，因此妈妈可借由一些简单的居家护理法改善咳嗽。

＊宝宝咳嗽的居家护理法

咳嗽问题可大可小，虽然许多感冒最后延宕的病症多为咳嗽，但仍不可因此坐视不理，以免拖久变大病。

饮食

● 可喝一些蜂蜜水，减少喉咙刺激，不过 1 岁以下的宝宝禁止吃蜂蜜。

● 可喝一些橘子汁，若有轻度感冒有稍许帮助，若严重则不适用。

● 多喝温开水，避免痰变浓，帮助灰尘等小粒子排出。

● 喂食方法采取少量多餐，且温度、味道适中。

● 鱼虾、海鲜及冰冷、油炸的食物最好免吃。

生活

● 少接触干冷的空气，可使用加湿器维持空气湿度。

● 协助拍痰，手掌拱起成圆碗状轻拍抚摸。

● 保持空气清新，千万不要让宝宝吸入二手烟。

药物

若严重需使用气管扩张剂。

＊妈妈不可不知的病症延伸信息：

专家针对咳嗽相关病症成因，提出以下解释以及居家护理法。

● 支气管炎：因支气管受到病毒感染引起的呼吸道疾病，会有呼吸急促、活动力差、痰多、流鼻涕，无法好好地躺着睡觉的症状，严重的会有呼吸严重困难，应去医院作彻底的 x 光检查。

● 哮吼：是因病毒感染引起的，在声带下方区域造成水肿，咳嗽声音像小狗叫一样。此时应避免让孩子哭叫，否则肿胀程度会更明显，若呼吸急促需立即去医院。

● 过敏：因为呼吸道过敏，伴随咳嗽引起的呼吸困难，主要是因为尘螨、刺激性味道飘散入呼吸道，因此应保持居家空气清新，维持湿度，并按时服用减少气道过敏症状药物。

咳嗽症状严重，放任久咳不止的话，有可能造成严重的气管炎、肺炎。

症状 3 呕吐

* 观察呕吐物是否异常

引起呕吐的原因有很多，如果需确认是否因疾病问题而呕吐，则需检查发烧、腹泻、呕吐的频率，以及活动力表现。如果呕吐物中有胆汁，则有可能与肠胃道阻塞相关，因此呕吐物的颜色异常。此外，妈妈在带小孩就诊前，可针对以下的问题作观察，像呕吐的次数、颜色、味道，是否合并发烧、腹泻，在呕吐之前吃过什么东西，还有生活环境周围是否有人也有相似症状，有助于儿科医师针对症状治疗。

* 宝宝呕吐的居家护理法

改善呕吐首要需从饮食方面下手，接着留意宝宝呕吐时的状况，专家针对呕吐提出以下简单的居家护理法。

饮食

● 勿进食，4~6 个小时内

不要喝水，也不要吃东西，若超过 6 个小时空腹仍继续吐，应尽速去医院打点滴补充葡萄糖，以避免脱水。

● 若呕吐状况有减缓，则可吃些苏打饼干、鲜奶、吐司等。

处理方式

呕吐的时候将头侧一边，如此可避免让呕吐物堵住气道，顺势让呕吐物排出。

如果宝宝未满 1 岁，怕呕吐引起呼吸障碍，可将宝宝抱起于臂弯，稳住头部和脖子，身体往下倾斜，并用手掌拍打肩胛之间。

症状 4 腹泻

* 定义腹泻需对照平时排便状况

腹泻问题让妈妈非常头疼，特别是喝全母乳的宝宝，因为母乳好吸收，所以可能一天 5~6 次排便，或者一个礼拜 1 次都有可能，与宝宝本身的

胃肠道体质有关。不过对于宝宝腹泻的定义，必须与他平常的排便状况作比较，如果突然增加次数，或者形状从糊变水，则可能为腹泻。妈妈还需留意大便的状况，如果大便中有血丝、黏液，伴随剧烈的腹痛，

务必立即就医。

* 妈妈不可不知的病症延伸信息

● 轮状病毒：经由口粪接触传染，好发于冬季，专家表示轮状病毒主要侵袭 5 岁以下

的儿童，感染轮状病毒腹泻的状况会特别严重，有时一天甚至可拉高达 10~20 次，主要为水泻，且酸味较重。须留意的是，轮状病毒引起的腹泻可能导致严重脱水甚至死亡。

而感染轮状病毒的小孩通常会接受控制症状与疾病并发症的支持性治疗。此外，预防胜于治疗，宝宝 8 个月大前最好完成口服轮状病毒疫苗。若症状轻微，可使用一些止吐药，且注意不应马上给宝宝喝水，最好空腹 4~6 小时，再重新补充口服电解质液。

● 急性肠胃炎：若是由吃进不洁食物感染，潜伏期为

12~24 小时，因此若要追究感染根源，前 1~2 餐的食物都有可能。感染沙门氏杆菌会产生呕吐、恶心、腹痛、腹泻、血便之情形，且粪便味道特别腥臭，感染后可能侵犯脑膜，并产生发炎现象。3 个月以下的宝宝若有毒性症状，且白细胞数量过高，则必须使用抗生素治疗。

若情况不严重，采取支持性的治疗即可。治疗细菌性肠胃炎不一定要使用抗生素，有些妈妈会要求医师开立止泻药，认为立即减缓宝宝的腹泻症状才是好方法，事实上对于止泻不要太积极，因为腹泻的

过程可帮助坏细菌排出肠道。

＊帮助宝宝顺利服药的方法

在喂药之前，妈妈应先建立正确的观念，喂药要找到正确的方法，而非强迫宝宝服下药物，否则会引起反效果，使其日后更抗拒吃药。专家指出，药水因为有甜味因此大部分的小孩较能接受，而药粉可用手指蘸一点点喂，让他像吸奶嘴一样，而药丸因为不好吞下也最好磨成粉。在使用塞剂方面，可先将宝宝的肛门涂一点凡士林，捏住 3~5 分钟再放开，可让过程更顺利。

症状 5 便秘

＊饮食习惯不佳是便秘的主因

通常 1 天 3 次或者 3 天 1 次大便都算正常，但是任何时间排便时出现粪便很硬呈颗粒状，解便困难，都可视为便秘症状。专家表示，排除疾病因素后，引起便秘的主因大多与宝宝的饮食习惯不佳有关，不过因为母乳好吸收，所以有些喝母乳的宝宝，也有可能一个

礼拜都不大便，但若便便过硬，甚至造成肛裂，则是属于不正常的状况。因此当宝宝出现便秘，甚至有腹痛、食欲降低的情形，那么妈妈务必协助解除便秘危机。

＊宝宝便秘的居家护理法

改善便秘首先须从饮食习惯方面下手，由于宝宝的食物大多由爸妈准备，所以第一步

必须先改变食物内容，还有增加好的生活习惯。专家针对便秘提出以下的居家护理法。

增加蔬果类和水分，如果宝宝开始吃辅食的话，可选择富含水分的食物；还有蔬菜水果中的纤维质丰富，也必须多摄取。

● 运动：多带宝宝走动，增加活动量也可促进肠胃蠕动。

按摩肚脐：如果宝宝有腹

胀状况，用手轻轻地顺时针在肚脐外围按摩，帮助肠胃蠕动。

● 温敷：可用毛毯盖着舒缓腹痛状况。

● 刺激肛门：如果宝宝有肛裂状况，妈妈可用些许凡士林擦在肛门口，润滑刺激。

不过不建议爸妈在家自行帮宝宝使用浣肠，如果剂量使用不当可能造成肠破，且有些肠道阻塞的宝宝也不能用，所以即使便秘状况严重仍须请教医师再使用。

＊妈妈不可不知的病症延伸信息

● 先天性巨结肠症：先天性巨结肠症是指大肠的肌肉层缺乏副交感神经节，以致无法调节大肠进行正常的排便活动，其中这类的胎儿出生就有胎便迟缓现象，且大便一直累积的状况下，真正能排出的大便不多，排便时会感到不舒服。这类的宝宝患的是先天性的疾病，因此必须以手术方式解决。

● 甲状腺机能低下：主要是因为甲状腺制造不出足够的激素，肠胃蠕动速度慢，因此有便秘的现象，必须接受专业治疗。

症状 6 痉挛

＊引起痉挛的疾病非单一

许多人提到痉挛第一个想到的是癫痫，而癫痫是一种慢性疾病，兴奋、感冒、劳累都是引起癫痫的诱发因子，癫痫发作会有两眼上吊、抽搐、意识不清、口吐白沫等表现。不过事实上除了癫痫以外，还有许多疾病与痉挛相关，其中，热痉挛最常见，不过热痉挛为一种良性疾病且少有后遗症，较常出现在 1 岁 ~1 岁半的幼儿，男孩比女孩多，通常发生在发烧 39℃ 以上。

＊宝宝癫痫的居家护理法

当小孩发生痉挛时，爸妈务必要冷静处理，协助减缓痉挛症状，接着前往医院作进一步的检查，了解是否有其他疾病造成痉挛。而癫痫是一种先天或后天因素引起的慢性脑疾病，其特征为脑细胞不正常放电引起反复发作。癫痫发作时，最重要的是维护气道畅通，放松衣服，维持安全姿势（右侧躺在软垫上，保护颈部），不要让他呛到，以免造成呼吸困难脑缺氧。有些人会认为癫痫发作需塞东西到嘴里避免咬伤舌头，事实上这并非正确做法，

反而会造成牙龈受伤，只要让他侧躺顺势将血流出，其实大部分的癫痫并不会咬舌头。

＊妈妈不可不知的病症延伸信息

与痉挛相关的疾病可分为两种，一种与损害脑部有关，另一种则无关。

损害脑部

婴儿点头痉挛：大多发生于6个月～1岁的宝宝。症状为密集式的反复点头，最常发生的时机为刚起床时，并会合并手脚的伸展与躯干的弯曲。这样病症的宝宝多半有脑部病变，因此在行为、语言、智能发展方面都较差。

脑炎：脑炎多为病毒感染引起，会有发烧、昏睡、痉挛等现象，若小孩伴随有严重哭闹、精神状况不佳，则须前往医院进一步检查。

非损害脑部

发烧性热痉挛：发烧性热痉挛是在没有脑部病变的情况下，感染感冒或发烧，因而引起高烧热痉挛。这类的热痉挛不会有后遗症，短的话几秒钟的时间就会结束，不会持续发作。处理方式一样须维持呼吸道畅通，但此时若高烧39℃以上不退，可使用肛门塞剂退烧。不过须留意如果痉挛的状况超过15分钟，且呈现无法呼吸，脸色发紫状态，则须立即送医。

症状 7 发疹

＊可分为感染性发疹与非感染性发疹

引起发疹的原因有时不单单只是皮肤方面的疾病，须依照发疹的色泽，状态，什么时候发疹，是否伴随着发烧、发痒，以及除了发疹之外是否有其他并发症等来评断真正的发疹原因。

发疹的原因可分为以下两种：

● 非感染性：以一般的皮肤病为主，像是痱子（汗疹）、异位性皮肤炎、尿布疹等。

● 感染性：飞沫传染、上呼吸道感染、病毒细菌感染引起的疾病，像是水痘、德国麻疹、玫瑰疹等。

＊宝宝发疹的居家护理法

如果宝宝有发疹、发痒，伴随发烧的状况，有以下的简单居家护理法：

● 记录体温，确认是否有

发烧伴随出疹状况。

● 脱光衣服全身检查，确认目前发疹的状况和部位，就医时可和医师详尽说明。

● 夏天的话冰敷，冬天则冷敷，有效减缓发痒症状。

● 擦上凉性的止痒药膏。

● 按时服用医师处方止痒药。

＊妈妈不可不知的病症延伸信息

专家也特别针对感染性以及非感染性引起的发诊状况作出说明，区别两者之间不同的处理方法。

感染性

● 玫瑰疹：玫瑰疹会让皮肤长出像玫瑰色泽般的疹子，前期主要症状是发高烧，接着会开始发疹，但并不会感到痒，在治疗上采取的是支持性疗法，适度地给予退烧药。

● 德国麻疹：德国麻疹是一种经飞沫传染的病毒性疾病，症状有感到微热、鼻咽炎、耳后淋巴结肿大，疹子维持3天到一个礼拜。

● 麻疹：麻疹是一种急性、高传染性的病毒性疾病，经由飞沫传染，感染后约10天会发高烧、结膜炎、咳嗽、鼻炎。一般而言，疹子会先出

现在脸颊和耳后，接着扩散到四肢及全身，严重的会并发中耳炎、肺炎或脑炎，甚至死亡。

● 水痘：水痘在发病时会出现疹子，通常经由空气或直接接触病原而感染。在水痘长出前1~2天，可能会有发烧、咳嗽、流鼻涕、倦怠等症状。居家护理方面，须在水痘处仔细擦上药膏，不要抓破伤口，并可适当冰敷舒缓痒感，以避免留下疤痕。

以上皆为感染性出疹疾病，主要治疗方法为疾病发生后，需要控制感染原因，这期间可能会发烧，需要按时吃药或住院照护，以防止严重并发症发

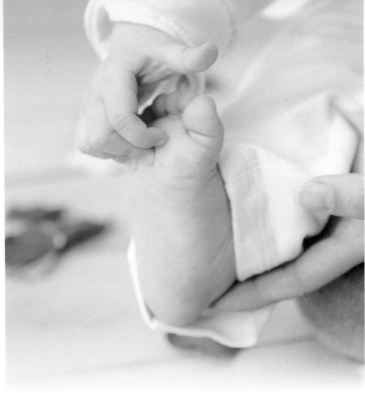

生以及防止病菌散布。

非感染性

● 汗疹：宝宝的汗腺功能发育未健全，也因此时常觉得过热，大量流汗后，在脖子、腋下等身体皱折处与头部、躯干等处，可能出现一颗颗的凸起小红疹，并感到痒。此时要帮宝宝换上棉质吸汗衣物，不要穿过多，做好清洁工作。

● 尿布疹：尿布疹通常发生在尿布覆盖处，屁屁因为与尿布长时间摩擦，以及排泄物刺激等多种因素影响而产生。此时最好勤换尿布，保持通风，可擦上少量氧化锌作隔离。

● 异位性皮肤炎：典型皮肤症状表现包括瘙痒、干燥、红斑、丘疹及脱屑，特别是秋、冬因为空气干燥更为严重，且时常反复发作。应加强皮肤的保湿工作，擦上一些乳液，还有避免抓破皮肤造成感染。

以上皆为非感染性出疹疾病，主要改善方法是避免接触以及适当地擦药，并做好清洁保养工作。

症状 8 腹痛

* 具体厘清宝宝的腹痛症状

有时候腹痛的感觉小孩无法具体说明，而且肚子痛听起来似乎又有一点儿抽象，因此评断腹痛之前，妈妈可协助厘清一些症状，像是什么时候开始感觉肚子痛，喊肚子痛的时候小孩的姿势如何，按肚子哪个部位特别喊痛，这个疼痛是持续性的还是间歇性的，以及肚子痛前吃了哪些食物，有没有血便或腹泻等，都有助于真正地了解宝宝目前腹痛的严重度和状况。

* 妈妈不可不知的病症延伸信息

针对不同腹痛的可能病症，提出以下居家照护方法。

● 肠绞痛：肠绞痛最常发生在宝宝出生到3~4个月之间，在夜间常见，引起的详细原因不明，一般认为与宝宝的神经系统发育尚未成熟有关，而且会以尖叫的哭声表达。此时妈妈可先将宝宝抱起贴近胸口，让他听到妈妈平稳的心跳声，轻轻地左右摇摆，接着按摩肚皮，若仍无法停止哭闹，可直接抱离那个环境，让宝宝

转移注意力。如果还是无法解除宝宝哭闹，就必须送医检查。

● 盲肠炎：肠子里的阑尾化脓、发炎，不过婴幼儿因为腹腔中器官尚未发育成熟，有盲肠炎也时常被忽略，因此若有逐渐增强的腹痛都需留意。

● 肠胃炎：秋、冬之际，轮状病毒引起的小儿急性肠胃炎也逐渐增多，症状主要有严重呕吐、发烧及腹泻、腹痛。或者是因食物遭细菌感染引起的肠胃炎也会有严重的腹痛、腹泻症状，此时应协助控制饮食，以支持性治疗为主，无须

使用强力止泻药物，可适时补充电解质液，以避免脱水。

*4种常见的症状居家照护法

除了以上的八大症状，还有一些在生活中常见，也特别恼人的状况，以下特别列出4种症状，以浅显易懂的方式，让妈妈轻松解决小儿问题！

● 流鼻涕。可以采用温敷鼻子的方式改善，出门记得帮宝宝戴上口罩，避免吸入冷空气，还能减少病毒感染的机会。如果属于过敏性鼻炎的宝宝，则务必减少生活中的过敏源，像是使用除湿剂减少尘螨，并定期打扫家中环境。

● 鼻塞。由于宝宝的颜面骨头、鼻窦未发育完全，鼻孔也比较小，鼻道比较短，因此容易出现鼻塞状况，如果属于非感冒型的鼻塞，可使用细棉花棒蘸一点儿生理食盐水，直接黏取出鼻屎；若属感冒型的鼻塞，则需使用吸鼻器辅助。

● 频尿。正常而言5岁之前的小孩难免会有夜尿，不过若怀疑有尿道感染问题，则须前往医院验尿，若有感染问题，最好让小孩养成多喝水习惯，并提醒小孩不要憋尿，做好局部清洁的工作。其他则可能为心理因素造成的频尿。

● 眼屎多。宝宝因为本身免疫力较差，又常会用手揉眼睛，容易造成细菌感染导致眼屎过多，最好时常帮宝宝做清洁工作。其他则有可能为先天性鼻泪管阻塞，出生时就有单眼流眼泪和脓状分泌物，务必请医师详尽检查，以免错过黄金治疗期。

生病时的饮食

宝宝生病了没胃口吃东西，心急的爸妈不知道该怎么办？发烧、感冒、咳嗽、腹泻、鼻炎、气喘、过敏等是宝宝常见的疾病，生病时饮食上应该怎么作调整？不同的疾病又有哪些个别的饮食行为需注意？请专家一一说分明。

宝宝病症通常会影响肠胃

成人生病时，通常会依病症出现某些身体器官的不适，但幼儿不同，不论生什么病，其肠胃道都会受到影响，导致幼儿在生病期间胃口都不佳，因此在谈到幼儿生病时的饮食，首先是对肠胃道的照顾。

* 不需强迫进食，补充足够水分

专家指出，人体有自我修复的能力，当幼儿生病时，尤其是出现与肠胃道有关症状，像是腹泻、呕吐、胀气等，在病症急性发作的头两三天，如果幼儿不想进食并不需要强迫他吃东西，因为此时身体正在抵抗疾病，肠胃道的消化吸收能力降低，负荷过重的饮食反而对孩子没有益处，最重要的是保持足够的水分与身体电解质的平衡，避免身体脱水，等病症急性发作期过了，孩子身体好些后会觉得肚子饿，这时再慢慢给孩子一些清淡少量的食物来补充营养。

* 电解质液优于运动饮料

很多疾病都会引起脱水的症状，像是发烧、拉肚子、肠胃炎等，所以水分的补充相当重要。有些家长会在宝宝发烧时让宝宝喝运动饮料，运动饮料中虽有少量的电解质，但含糖量高，只能当临时的代替品，若要喝也需对水稀释后才能少量地饮用；不过若是肠胃道疾病引起的脱水就不建议喝运动饮料，应改喝口服电解质液来补充水分与电解质。

电解质液补充要点

口服电解质液又称口服的点滴，可以调整人体中电解质与水分间的平衡状态，并有葡萄糖成分可以提供人体一些热量，当孩子生病急性发作的初期，可每半小时左右给孩子喝一点儿（依照孩子可喝下的量给）电解质液，如果孩子什么都不想吃，或是一吃就拉、一吃就吐，两三天内只补充电解质液是可行的。电解质液有两种，可在药房买到，一种是液状的可直接饮用，开封后就必须放入冰箱保存，如果孩子的病症不宜吃过冷的东西，可在饮用前先倒进杯中退冰半小时再饮用；一种是粉状的方便包，必须依照使用指示对正确分量的水饮用才有效果。

* 少量多餐的饮食通则

除了补充电解质水外，幼儿在生病时的饮食通常以少量多餐为主，因为一次大量的饮水或饮食会将肠胃撑大，使肠道的蠕动增快，减缓肠胃道的复原。至于食物的选择方面，牛奶要避免饮用，因为肠胃道出问题时体内的乳糖酶容易丧失，此时喝牛奶会让肠胃道引起的问题更严重，可以喝加一点点盐的稀饭米汤来增加养分。其他的食物如青菜、水果可等孩子稍微复原后再少量地给，肉类则要煮得软烂，这样比较好消化，食物的烹煮原则以清淡为佳。

＊生病恢复期补充蛋白质与糖类

等孩子进入生病恢复期，就可多补充蛋白质与糖类食物，因为蛋白质是构成人体细胞最重要的成分，为人体许多抗体、酶素等主要成分；身体各种组织都需要糖类的氧化来供给能量，糖类有节省蛋白质、调整脂肪的代谢、刺激肠道蠕动防止食物积存肠内等功能。最佳的蛋白质来源为鱼、肉、豆、蛋、奶，但因此时幼儿的肠胃道尚未完全恢复，要先避开牛奶，若要喝豆浆也需对水稀释再喝，煮得软嫩的鱼肉、肉类、豆腐是不错的蛋白质来源。糖类食物的来源则有葡萄、

甜菜、香蕉、胡萝卜、芦笋、米、麦、蔬菜，可少量多样摄取。

＊宝宝什么都不想吃，或者只想吃饼干、糖果，怎么办

宝宝生病时什么都不想吃，只想吃饼干、糖果，家长要提供吗？答案是否定的。饼干、糖果对生病期的孩子有害无益，宁愿不要给，尤其是目前市面上不少糖果、饼干、

糕点内就含有反式脂肪与色素成分，这些成分对健康无益，不仅无法帮孩子补充养分，食用过多还会有肥胖问题。如果宝宝真的没胃口，建议可以少量给一点孩子都爱吃的布丁或是优格，饼干则以天然成分制成的苏打饼干为佳。

不同疾病的饮食对策

孩子生病的时候，家长除了细心地观察与适时地安抚之外，适当的饮食可以帮助宝宝在不舒服的状态下，仍能获得需要的营养。

＊腹泻、呕吐饮食建议

腹泻、呕吐最容易发生脱水状况，若是发现孩子有小便的次数减少、尿液变黄、哭没有眼泪、皮肤与唇舌干燥等情况，就是轻度的脱水，这时需要补充前述的电解质液来缓解脱水状况。若是幼儿的病症是激烈的呕吐，无法补充电解质液时，需要送医打点滴来避免脱水。

饮食方面以清淡为佳，刚发病若是严重的腹泻、呕吐，可先禁食4~6小时，之后再慢慢地进食，可先食用一点儿清淡的稀饭米汤、白稀饭等，避免偏甜的食物，因为甜食会让拉肚子更严重；若要加肉松配稀饭也只能加一点儿，因为肉松偏油；等症状缓解些，就可尝试其他不油腻好消化的食物如蒸鱼、蒸蛋等；水果跟青菜可视情形吃一点儿看看。若是以奶为主食的宝宝，感染肠胃炎期间，母奶宝宝还是继续喂，如是吃配方奶则要将平日泡奶的浓度稀释一半，若还是一直拉肚子，就可考虑使用无乳糖奶粉来补充宝宝营养。肠胃方面的病程会持续1~2周，症状就会慢慢地改善，此时就可以恢复正常的饮食了。

＊益生菌补充信息

有研究指出补充益生菌可以帮助受细菌感染破坏的肠胃道修复，也可以抑制肠胃道中的病菌生长，市售常见含益生菌的食品包括优格、养乐多、酸奶等（这些食品的乳酸菌属于活菌，建议1岁以下的宝宝不要饮用），当孩子可以进食后可以吃一点儿优格，酸奶最好选无糖口味，养乐多偏甜可少量给一点儿。

＊感冒、喉咙痛饮食建议

感冒的症状每个人都不同，若伴随发烧就需多补充水分，通常伴随喉咙痛的症状较会影响孩子的进食意愿。建议在喉咙发炎时期，给孩子比较软、凉一点儿的食物，像是布丁、放凉的米汤、退冰无糖的酸奶等，可以提高孩子吃东西的欲望。

＊咳嗽饮食建议

不当的饮食会让咳嗽的症状加剧，在临床上的确看到很多小病人，本来咳嗽快好了又来求诊，问孩子近期的饮食。都与冰的东西脱离不了关系，冰的食物不但会让咳嗽时程拖长，也会降低胃的温度影响消

化能力，反而会让孩子胃口不好不想吃东西。咳嗽期间其实是可以正常均衡地饮食的，从冰箱拿出来的食物若不加热，最好退冰至常温再给孩子吃。另外也要避开太甜的食物，因为过甜的食物会让痰增多，必须注意。

＊鼻炎、气喘、过敏饮食建议

鼻炎、气喘是国内孩子常见的过敏症状，一样也应忌食或少食寒性、生冷的食物，有不少研究显示，多摄取含有维生素 C、维生素 E、β - 胡萝卜素与 omega-3 脂肪酸等食物可降低过敏的发生。建议平常多摄取新鲜的蔬果类，像是含维生素 C 丰富的柑橘类水果以及柠檬等，含 β - 胡萝卜素丰富的红萝卜、红椒与深色蔬菜等。而 omega-3 脂肪酸则在鲑鱼、沙丁鱼、鳕鱼中含量丰富。

此外，上述对肠胃道疾病有帮助的益生菌，也对降低过敏有帮助，益生菌除了常见于酸奶中，一些蔬果如香蕉、胡萝卜、芦笋、洋葱等也含有。有不少加工食品含有二氧化硫或亚硫酸盐这两项物质，会引发过敏，所以要少吃加工食品。

运动有助于气喘改善

要改善鼻炎、气喘等过敏症状，光靠饮食效果有限，建议平时要多运动，像是游泳就被公认是对改善气喘有帮助的运动，如果可以从炎热的夏季一直持续游泳至秋、冬季，会让身体对温度变化的敏感性降低，过敏发作的频率就会减少。也建议孩子夏天少吹点儿冷气，或是吹冷气时将温度调高一点，一直待在过冷的环境对过敏性病症没有好处。

让抵抗力提升的日常功课

等到孩子生病时才想要补充营养其实是缓不济急的，提升孩子抵抗力的工作是平常就要准备好的功课。

＊3岁以后免疫系统建构完成

抵抗力是指自体的免疫系统功能。新生儿刚从母体生下时，身体会带着母体所给予的保护力，这个来自母体的保护力可持续 6 个月左右，所以新生儿至 6 个月大的婴儿不易受外来细菌、病菌的感染；但 6 个月 ~2 岁属于免疫系统空窗期，也就是孩子自体的免疫系统正在慢慢地建构中，尚未建构成熟，因此这个时期最容易受到感染生病，大约到 3 岁以后免疫系统才趋于建构完成，对外来的病菌或细菌的抵抗力会比较强。只要孩子生病的频率不过于频繁、严重，每一次生小病都可累积自体的抵抗力，反而是好事，家长不需过于担心。

* 建立均衡的饮食习惯

现在很多孩子的饮食是不均衡的，不是偏食就是吃了过多的快餐，快餐中的高脂肪与高糖分不仅会让孩子有肥胖的问题，引发代谢方面的疾病，也无形间减低了孩子抵抗病菌的能力，应该让孩子多吃蔬菜水果，补充足够的维生素、矿物质、膳食纤维等营养，才比较不容易受到病菌侵袭。孩子出现偏食与家长的喂养方式有关，孩子良好的饮食习惯要从很小就开始建立，孩子开始吃辅食时就要给孩子多样丰富的蔬菜水果，调味尽量清淡，并以蒸煮的食物为佳。如果在此阶段接触过甜过咸且人工添加剂过多的食物、糖果、饮料，孩子的胃口会被养坏，不但营养素会不足影响生长发育，也是引起其他疾病的源头。

6 岁以下的儿童每日要进食 5 种蔬果才够，建议家长多让孩子吃新鲜未加工的蔬果，让孩子充分摄取到水果中的果肉纤维；另外，深色蔬菜是不能少的，孩子若是不爱吃，可将各种蔬菜切碎炒在饭中，可减少蔬菜特有的味道，或者改变烹调方式让孩子接受。多吃蔬果也要多喝水，水分可以促进食物消化和吸收作用及维持正常循环与排泄作用。

* 足够的运动与规律生活

除了要有正确的饮食外，规律的生活与足够的运动也很重要，像骑脚踏车、跳绳、打球、跑步、散步、游泳等都是不错的运动，这时家长也扮演着重要的角色，需要带领孩子一起活动，来培养孩子正确的生活作息。现在不少孩子不但活动量不够还有晚睡的习惯，熬夜也会降低孩子的抵抗力，建议家长最好让孩子在 9 点以前就寝，最晚不要超过 11 点，晚睡除了会影响孩子的生长发育，也对增强抵抗力有负面影响。

* 按照规定接种疫苗

最后要提醒家长，让孩子按照规定接种疫苗，可以预防一些流行性的疾病，例如每到流感季节就会在医院中看到很多幼儿被感染，大都是因为没有按照接种时程接种疫苗而受到感染。像这种流行性的疾病症状会较严重，若能及早预防较佳。

图书在版编目 (CIP) 数据

科学喂养专家指导／岳然编著．—北京：中国人口出版社，2012.6
ISBN 978–7–5101–1267–6

Ⅰ．①科⋯ Ⅱ．①岳⋯ Ⅲ．① 婴幼儿—哺育 Ⅳ．① TS976. 31

中国版本图书馆 CIP 数据核字（2012）第 120347 号

科学喂养专家指导

岳然　编著

出版发行	中国人口出版社
印　　刷	沈阳美程在线印刷有限公司
开　　本	820 毫米 ×1400 毫米 1/24
印　　张	8
字　　数	200 千
版　　次	2012 年 7 月第 1 版
印　　次	2012 年 7 月第 1 次印刷
书　　号	ISBN 978–7–5101–1267–6
定　　价	29. 80 元

社　　长	陶庆军
网　　址	www.rkcbs.net
电子信箱	rkcbs@126.com
电　　话	(010) 83534662
传　　真	(010) 83515922
地　　址	北京市西城区广安门南街 80 号中加大厦
邮政编码	100054